心灵鸡汤

演好自己的角色

陈晓辉　一路开花／主编

煤炭工业出版社
·北 京·

图书在版编目（CIP）数据

演好自己的角色／陈晓辉，一路开花主编． -- 北京：
煤炭工业出版社，2017（2023.1 重印）
（品读心灵鸡汤）
ISBN 978 - 7 - 5020 - 5822 - 7

Ⅰ．①演… Ⅱ．①陈… ②一… Ⅲ．①人生哲学—通
俗读物 Ⅳ．①B821 - 49

中国版本图书馆 CIP 数据核字（2017）第 105203 号

演好自己的角色

主 编 陈晓辉 一路开花
责任编辑 马明仁
编 辑 郭浩亮
封面设计 宋双成
出版发行 煤炭工业出版社（北京市朝阳区芍药居 35 号 100029）
电 话 010 - 84657898（总编室）
 010 - 64018321（发行部） 010 - 84657880（读者服务部）
电子信箱 cciph612@126.com
网 址 www.cciph.com.cn
印 刷 北京飞达印刷有限责任公司
经 销 全国新华书店
开 本 710mm×1000mm^1/$_{16}$ 印张 14 字数 180 千字
版 次 2017 年 6 月第 1 版 2023 年 1 月第 3 次印刷
社内编号 8702 定价 46.00 元

Contents
目录

第一辑
长达一分钟的初恋

第二辑
花开两朵，未必天各一方

Part 03

第三辑
让友情穿越一个迷茫冬季

Part 04

第四辑
那院的花红树和那年的白月光

Part 05

第五辑
满大街都是陌生朋友

Part

06

第六辑
你是上天最好的馈赠

长达一分钟的初恋

青春随时间流逝着，我的习惯，爱好，学习成绩，都有了一些变化，唯一没变的就是喜欢你。那种小心翼翼的喜欢，那种害怕倾诉的喜欢，那种只要看着你就很开心的喜欢，那种自卑而又热切的喜欢……

六千步的长度

文 / 杨宝妹

爱就是充实了的生命，正如盛满了酒的酒杯。

——泰戈尔

　　重庆西南边陲之地有一座鲜为人知的千年古镇——江津中山镇，立于此镇往南 30 公里，便可亲触云贵两省的交汇之林。几年前的中秋，一支户外旅行探险队曾在无意中走到了这里。

　　前方已没有继续行进的山路，目及之处，皆是绵延不绝的莽莽苍山。此刻，他们已经徒步了整整两天两夜。

　　没有腾升的炊烟，亦没有登山采药的农人，无奈之下，他们只得做出沿路返回的决定。正当众人转身欲离开之时，一位手握望远镜的小伙儿忽然发出了兴奋的声音："看哪！对面山上竟然有条路！"

　　路是人走出来的，此地乃是人迹罕至的原始森林，怎么可能会有拾级而上的路呢？

　　这条来历不明的路，成了众人心中的导航灯。他们顺着这条布满新鲜凿痕的路，缓缓而上，足足两个小时才抵达山顶。

　　眼前的景象惊呆了这支户外探险队的所有成员。在云雾缭绕，清风拂面的山顶，不但有成片的蔬菜和茁壮的玉米，更有《桃花源记》中的屋舍农房。

　　顷刻，身着老式蓝布衫的一男一女背着柴火从山林中走了出来。探险

— 演好自己的角色 —

队的成员不禁被眼前的情形所吸引，立刻从包里掏出相机，眯着眼睛，咔嚓一声，照了张相。谁知，这个看似平凡无奇的举动，竟把女人吓得惊慌失措，一个箭步躲在男人身后，再不肯出来。

没人知道，在这片云蒸霞蔚的森林中，竟隐藏着一段长达56年的惊天动地的爱情传说。

他叫刘国江，第一次见她的时候，他尚且是个不谙世事的孩子；而她，却已为人妻。当地有种风俗，换牙的孩子，如果能得到新娘的抚摸，那么，日后长出的新牙势必洁白整齐。

母亲便抱着他去了，他啊啊地张着嘴巴，等待她的抚摸。他被大红的花轿吸引住了，全然没有注意到持续下落的口水。母亲拍拍他的后背，他猛然回过神儿来，在闭上嘴巴的同时，也狠狠咬住了她的手指。

所有人都笑了，他记住了她的名字，徐朝清。

十几年后，丈夫病逝，她成了身系四儿的苦命寡妇。他毅然不顾家人的反对，誓要娶他为妻。但在那个思想保守的年代，没人能够接受一个年轻强壮的小伙儿与年长其十岁的寡妇结合。

村里流言四起，那些恶毒的话，直到今日，他仍然记得一清二楚。

为了躲避红尘纷扰，在一个下着清幽细雨的夜里，他勇敢地牵起她的手私奔了。

从此，他们的世界里只有孩子与荒坡，只有流云与山峦，只有六千万年前的褐色丹霞地貌与侏罗纪时代的桫椤树。

她越发想家了，她对他说，想回家看看，毕竟来世一遭，无论如何，皆不可六亲不认。可她已不复当年的矫健女儿身，为了圆她这个日渐苦涩的梦想，他决定为她修一条回家的路。

她得照看年幼的孩子，兼顾家务，没人能够帮他。因此，开山凿石的重担，全落在了他一人身上。一个人要修完一座高山的石梯，而手边却没有任何现代化的工具，只能依靠最原始的铁锹和铁凿——这项庞大工程的难度，丝毫不亚于精卫填海。

从此，他早出晚归地开山修路，累得几乎瘫倒在地。但他从没想过放弃，尽管争分夺秒地干了一年，也只能敲出百米之距。

他记得，他修第一级台阶的时候，尚且是个黑发健齿浑身蓄力的小伙子。敲着敲着，头发就白了，再敲着敲着，牙也掉光了。

时光荏苒，五十年的岁月悄然而去。终于有一天，他发现梦中的路，竟在不知不觉中修成了。为了送她一条回家的路，他把铁锹凿烂了23根，铁镐刨坏了45把。

林中多雨，山路易滑，他怕她在回家的途中摔跤，因此，他在沿路的峭壁上凿出了许多扶手，好让妻子在行走的时候能有所依靠。

我想，世间没有任何语言能够形容，当他第一次牵着她的手走下这条用尽一生为她修的山路时，那些在她心中澎湃不息的心疼和感动。

没过几年，他去世了。临终前，他左手握着生前修路用过的铁镐，右手紧紧抓住她的手。成年的孩子们都哭了，因为不论如何努力，都拉不开母亲执著的双手。

这六千步的长度究竟给我们带来了什么？是一座耸立在浮华时代天地之间的爱情丰碑呢？还是为我们真实地丈量了一位平凡男人如何从健硕青年走到蹒跚白发的苍茫？

选自《科学大观园》2010 年第 19 期

情不知所起，而一往情深。世间伟大的爱，大都是这般替对方着想，固执而又痴傻。所有赞美的语言都是苍白的，就像如鲠在喉无语凝噎一样。

写给我曾暗恋过的你

文 / 念初

你如果想念一个人，就会变成微风，轻轻掠过他的身边。就算他感觉不到，你也无怨无悔。人生就是这个样子，每个人都会变成各自想念的风。

——张嘉佳

亢世杰：

见信佳，希望打开这封信的你依然阳光安好，

不知你现在在什么地方，过得怎么样？

你肯定好奇是谁写的这封信，往下看你就知道了。

你在我们隔壁班，在我的脑海里，你瘦瘦高高的，走路很有气质，为人正直。

你总和我们班的徐浩一起回家，一起打篮球，而我恰好和你们同路，

那个时候，我们班的女生总是悄悄议论你，而我低调关注你，在她们讨论你的时候。

我悄悄靠近偷听一些，比如在哪里能偶尔看见你，比如喜欢喝奶茶不放珍珠，每次听到的一点点都深深记在我心里。

有几次下自习突然发现你经常等着徐浩，然后一起回家，我总是看着徐浩出教室，然后尾随着你们。你们一样高，只是你比他瘦，比他好看，声音也比他好听。在拥挤的楼梯间我不敢靠近你，哪怕就走在你身后，也

小心翼翼地保持距离。跟着你下楼，脚步变得特别轻快，离你近一点都感觉莫名的心跳加快。

我们经常晚自习一起回家，只是你不知道后面有个小尾巴而已。我在身后看着你在暖黄灯光下离我很近很近，那拉得很长的影子就在脚下，我喜欢追着你的影子走，偶尔踩踩你的脸，你的发，来满足想靠近你的欲望。感觉这样就像触碰到真实的你，然后一整天的郁闷和烦恼马上就烟消云散，我想这就是喜欢吧，对的！我肯定喜欢你。

自从发现喜欢你，我就更加关注你，你喜欢下午五点左右在操场打篮球，喜欢喝冰红茶，喜欢学数学，非常讨厌英语。你不知道每天做完午间操我就不要命似的往三楼教室的走廊跑，就是想提前跑上来从散操的人群里寻找你、定格你，然后目光尾随你的身影，你的一举一动都不想放过。而且我明明是近视，偏偏站在三楼也能看清你的表情，你说奇不奇怪？所以，久而久之，我目光追随的异样被好朋友发现了端倪，然后她也加入了。

陪我上厕所因为刚好你去了；陪我去食堂拉着我在那么多人里穿梭是希望我能离你近一点。总之就是让我在你面前多晃悠，希望混个脸熟引起你的注意，然后在午间操结束的时候我们会快速跑上楼，比赛谁先搜寻到你的身影，而每次都是我先发现你，因为在我的眼里你似乎会发光。

就这样初中学习里多了一项了解你的乐趣。你不知道我有多么喜欢你，就像你不知道为什么下课后你班上的前门总比别的班拥挤。以前我们每个班都有前门和后门，大多数学生喜欢站在前门聊天，烤太阳，活动筋骨。而我和几个小女生总是喜欢站在后门打闹、聊天，当然还包括偷看你。在阳光下的你，被同龄人衬托得那么清秀帅气，阳光干净，我对你就像猫咪在太阳下的喜欢，那种既享受又害怕被人打扰的感觉。

青春随时间流逝着，我的习惯，爱好，学习成绩，都有了一些变化，唯一没变的就是喜欢你。那种小心翼翼的喜欢，那种害怕倾诉的喜欢，那种只要看到你就很开心的喜欢，那种自卑又热切的喜欢。

— 演好自己的角色 —

在记忆里我们唯一的一次接触是你在操场打篮球，我和几个朋友站在那么多的观众里边聊天边看你打篮球，这也是我每天下午着急放学的原因，因为可以光明正大地看着你。你打篮球不是很好，可是奔跑的样子就特别好看，其实我没有多少的心思放在篮球上，更多的是看在操场随风奔跑的你，你那飘扬的头发和跳起来上移的衣角，偶尔会看见你精瘦的腰和精致的锁骨。

这天就是因为太专注地看着你而没注意到篮球正在不偏不倚地砸向我，从旁边人的惊呼中我发现了它，这一刻它离我非常近，脑袋一片空白，但是身体提前做出反应一歪头把球让开了。等反应过来的时候心神未定，拍着胸脯压惊，嘴里说着："吓死我啦！太险啦！"这时你从操场的另一边向我跑来，是的！你正向我跑来，我拍胸脯的动作加快了，呼吸也急促，心都快跳出来了。

你站在我面前用我熟悉了两年的声音问我："你没事吧？"我捂着胸口生怕你听见我心里的秘密，急急忙忙摇着头，用动作回答你，你接过别人捡起的球对我微笑着点点头，转身回到球场上。背影高高瘦瘦，正直又有气质，身上的味道干净又阳光，我激动得身体都僵硬了！我旁边的朋友不停地摇着我说："开心吗？开心吗？"我想我是开心得快死了吧！

初三来临了，因为学习下降和高考的压力，渐渐放下了追寻你的热情，故意不去关注你，不去想你，然后时间一天又一天地过去了。直到我们照毕业照的那天，我在人群里着急地寻找你，可惜你似乎也失去光芒了，怎么都没找见。

最后大家就这样分道扬镳了，都走上了不同的路，一走就是七年。在这路上我遇见过不同的风景，不同的人，相同的场景，相同的环境，可是再也没有遇见相同的你。无数次想起你，想起那时的我，都会扬起嘴角，羞涩地笑。你那高高瘦瘦，正直又有气质的背影和阳光干净的味道让我记忆犹新，想忘都忘不了。

现在的你，还好吗？我曾经的青春男孩，是不是依然美好，依然正直，依然阳光干净呢？收到这封信的你，不奢求你仍记得我，只希望你记得原来的自己，记得在我青春里你那干净美好的样子。希望你不要被时间改变了模样，我依然喜欢你，可是我喜欢的只是那个时候的你，那个在我印象里一直都完美的你而已。读完这封信的你是什么样子？有没有皱着眉头思考我到底是谁？有没有在记忆里搜寻我的样子呢？

请你不要白费心思，费心思考，我写这封信的目的不是迟来的告白，而是希望每个人都给自己留一样美好的东西，可以在未来的时间里，不忘初心，不忘原来那么容易满足的自己。亢世杰，愿你安稳幸福！

我的美好记忆愿你平安永存！

念初

2015.1.29

选自《语文报》2016 年第 27 期

> 在那个兵荒马乱的年月里，每个女孩子的心里都有这样的一个男孩子：他那么优秀，清瘦，好听的声音，帅气的面庞，这恐怕就是传说中的白马王子了。至于后来在没在一起，似乎都不是那么重要了。

长达一分钟的初恋

文 / 朱国勇

初恋是青春的第一朵花，不能随便掷弃。

——老舍

17岁，花娇水嫩，一个年轻得让人怦然心动的岁月。

她，白净秀美，常穿着清澈如水的校服，笑的时候很是腼腆，让你觉得有一朵白云从山头悠悠飞过。可是现在，她脸色如纸，躺在冰冷的病房，即将告别这个美好的世界。一朵娇美的花，还没来得及开放，就即将凋零。

弥留之际，她双目直直地盯着病房门口，急促地喘息，喉咙蠕动着，只能发出模糊的呼隆声。那眼睛里，分明透着一份期盼。医生说，她可能有心愿未了，或者是想见什么人，想想，有谁没来看她？

妈妈流着泪水回答："都来了，该来的，都来了。"爸爸说："一定是想她小姑了，小姑最疼她。"爷爷奶奶外公外婆小叔小婶，满满一屋的亲人，心痛而怜惜地看着她那张娇小的脸。

十多分钟后，小姑来了，一把搂住她，还没张嘴，已是泪流满面。没想到她的喘息更加急促，挣扎着，似乎想抬头。原来，小姑挡住了她的视线。

妈妈伏在她的床头，泪如雨下："孩子，你想要什么啊？"

就在大家束手无策之时，她的弟弟来了，手拉着一个怯怯的单薄男生。男生走到病床前，很局促地握住她了的手。阳光透过窗户照进来，温暖地映着他们青春的脸，纯美而羞涩。她的眼中掠过一丝欣慰，终于阖上了双眼，嘴角扬着一丝微笑。

这个男生，是她的同桌，他们并没有早恋，甚至连过密的交往都没有。最亲密的一次，一帮男生女生去少年宫，他骑着单车带她。为了防止摔下来，一路上她紧紧地抓着底座，他的腰，她看了几下，没敢碰。可是，未经人事，情感一片空白的她，弥留之际，他却成了她最深的牵挂。她选择了他，来弥补未及绚烂的爱情缺憾。

"明天你是否会想起，昨天你写的日记……"多年之后，每当老狼的歌声响起，这个历经风雨已经结婚生子的昔日单薄男生，依然有想流泪的冲动。

此世今生，她成了他抹不去放不下的追忆和感动，他说，她是他的初恋。因为在那恍如隔世的青春岁月里，他曾是她最牵扯不下的深深牵挂；因为在那长达一分钟的盈盈一握中，两颗年轻的心，曾那么柔美含羞地轻轻贴近。

选自《意林》2009 年第 15 期

"那时候天总是很蓝，日子总过得太慢，你总是说毕业遥遥无期，转眼就各奔东西。"是啊，同桌几乎承载了我们对于高中的整个记忆，那些金色的年华，再也回不去了！

"呆头鹅"碰上"青花瓷"

文 / 安一朗

　　除了一个真正的朋友之外，没有一样药剂是可以通心的。

——谚语

一

　　班上的同学都在背后叫我"呆头鹅"，说我呆头木脑，面无表情。我无所谓，他们爱叫什么是他们的事，与我无关，就像我笑不笑，跟他们有什么关系呢？

　　我在班上没有朋友。我不喜欢和别人交往，他们也不喜欢沉默寡言鲜有笑脸的我，我们彼此之间就像陌生人。一个班六十几号人，同学半年了，我几乎都没和他们说过话。

　　自从父母离婚后，不善言辞的我更习惯了以沉默面对一切，我判给了母亲。父亲很快就再婚了，母亲成天在家里哭哭啼啼。我弄不清楚大人的事，也不知道他们谁对谁错，只是听见母亲哭时，我会同情她，心里特别恨父亲。母亲在半年后经人介绍也再婚了，看着笑逐颜开的她，我觉得我成了多余的人。继父对我很客气，但我本能地疏远他。

　　我严严实实地把自己包裹起来，对谁都以"冷淡"应对。我觉得敞开自己的心扉，只能让别人看见正在流血的心。我不需要别人的同情，那些怜悯的目光会让我更加难堪和痛苦。我不喜欢上学，成绩也不好。

我每天独来独往，漠然的表情让人退避三舍，谁都不愿意搭理我，我也不愿意融入别人的世界。可是，一次偶然，我却和班上一个外号叫"青花瓷"的女生熟悉起来了。

二

那天中午放学后，我在校园游荡到吃午饭时间才出校门。我不想早早回家，不想看见家里因为我的回去而突然微妙地变得尴尬的气氛。

我骑着单车慢悠悠地穿行在树荫斑驳的街道上，已经过了下班高峰期，晌午灼热的街上行人廖廖。我还沉浸于自己天马行空的思绪中时，突然听到有人在叫我的名字。一个急刹车，我单脚跨坐在单车上，四处张望。

"罗小宇，你能过来帮我个忙吗？"一个穿着米黄长裙的女生在叫我。我看了看她，感觉很面熟。"我们同班，你不会不认识我吧？我是池青花，大家叫我'青花瓷'。"女生落落大方地自我介绍。

我轻声"哦"了一句。"你快来帮帮我，我的单车脱链了，我弄不回去。"她急切地说，可能因为我没什么反应吧，她的脸倏地涨红了。

我停好单车，走到她身边，看了看倒在路旁的女式单车，找了根韧性好的木棍，三两下就帮她把车链条弄回去了。池青花在旁边感叹地说："你们男生就是厉害，我弄了好久都没弄好，你一会儿就搞定了。谢谢你呀！"

我依旧没说话，只是窘迫地想离开，单独面对一个女生，我有点慌乱。"你为什么不爱说话？在班上也很少见你和同学交流。"她好奇地问我。"车弄好了，我先走了。"说着，我转过身。"我们一起回家吧！"她热情地说，面对她的邀约，我不知该如何拒绝，就扶着单车等她。

一路上，池青花叽叽喳喳问了我很多问题，她的笑像迎面吹拂来的风，让人感觉特别舒服。只是对视她的眼睛时，我又会莫名地把目光转开，心跳加速。我从来没有和女生单独一起骑过单车回家，更不曾这样近距离地与女生聊天。在她的询问下，我也不好一直沉默不语，时不时也会回应一声。

阳光透出树梢洒满一地跳跃的光斑，在我抬头看她时，有一束光正好落在她的脸上，闪烁着细瓷般的光泽，我一时看呆了。"放学后，我们出黑板报，那几个没良心的，画好他们的插图后，就留下我一个人写板书。"池青花说。看我没回应，她扭过头来说："看什么呀？又发愣了。"

我朝她傻笑，她也笑了，乐呵呵地说："罗小宇，幸好遇见你了，要不，我都不知怎么办？对了，你怎么也这么迟才回家呀，早放学了。""早回迟回都一样。"我说，心里突然奇怪地产生一种想和她交流的欲望。

"你为什么那么爱笑？"我突兀地问。池青花看着我，愣了一下，随后又露出灿烂的笑颜，说："笑有什么不好呢？多笑一笑，心情也开朗。"在她的感染下，我也咧开嘴，唇角上扬。"你笑的样子看上去更帅哟！"池青花乐着说。她的马尾辫摇摆着，如同一面青春飞扬的旗帜。她就像一只无忧无虑的鸟儿，在晌午的阳光下，在凉爽的风中，自由飞翔。

三

这个溽热的夏天，一下子变得清凉起来，我的心仿佛也不那么沉重了，似乎也找不到需要愤世嫉俗的理由。池青花每天放学时都会约我一起骑单车回家，她爱说爱笑，有时还会哼唱几句周杰伦的《青花瓷》。

在教室里，池青花也常主动找我说话。虽然我没什么反应，但漠然的表情也变得更生动了。这是池青花说的，她还说，她始终觉得我笑的样子更帅。

我已经知道了，池青花之所以被大家叫作"青花瓷"，并不仅仅和她的名字有关，还因为她的皮肤是班上女生中最白皙的，还有她清脆的笑声尤如轻叩瓷瓶。大家都很喜欢爱笑的她。

我的同桌说，和池青花讲话，面对她笑盈盈的脸，心情也会变得舒畅。

池青花热情洋溢，笑声飞扬，而且她的成绩很好，就连我们老师都说，如果班上多几个像池青花这样的学生，那么老师也会觉得自己的教学工作更有成就感。

以前我从来没有在意过任何人，紧闭心扉，兀自沉溺在一个人的世界中，我找不到让自己快乐起来的理由。在和池青花渐渐熟悉起来后，我把自己经历的事情都告诉了她。

我不在乎她能否理解，但她能够聆听，我能够把压抑在心里很久的痛苦说出口，就已经很满足了。我说话时，池青花盯着我看，她的眼眶突然间就湿润了。她哽咽地说："小宇，我从来都没有想过你居然正在承受着这么多的伤心事。原谅我，我以前也嘲笑过你，觉得你愣愣的，像'呆头鹅'……"

我连说没关系，那些压抑在心里的话说出来后，我感觉自己顿时轻松了，有个可以倾诉的朋友真是一件快乐的事。

池青花对我比以前更好了。有一次，班上一个同学好奇地问她干吗对我那么好？我装作毫不在意，却是屏住呼吸仔细听。

池青花背对我，她对那个同学说："大家都是同学，为什么不能对他好？""那个'呆头鹅'笨头笨脑的，一点都不好玩。""你又不了解他，其实他和大家一样，你多了解就知道了，他一点都不呆，而且人很好。"池青花说。她根本不知道我就坐在不远的角落，她的话完整地传到我的耳中，瞬间温暖了我的心。

我很珍惜与池青花的友谊。我感觉得到，她在努力帮助我融入班集体，努力说服班上的同学不要对我"另眼相待"。后来，她又主动调来和我同桌，帮助我学习，我非常感激她。

四

池青花还给我写过一封信。

她在信中说："当别人用微笑对你时，我们怎能不回报以更灿烂的笑容？父母的人生终究是他们的，他们有权利作出自己想要的选择。作为子女，我们有我们应尽的义务。好久没和你父母交流了吧？找个时间，好好和他们谈谈，也请给他们新的另一半一个机会，可能他们并不会像你想的那么难相处。千万不要用沉沦的方式折磨自己，折磨父母，这样的话其实最终毁掉的是我们自己的人生。快乐是自己的，没有人可以抢走……"

在这段暗哑无言的青春时光里，我很庆幸自己遇见了池青花。她是一个如同青花瓷般高洁的女生，她爱笑，笑声脆脆的，带有暖暖的气息。她的快乐感染了我，并且把我拉出了沉默的烂泥潭。

池青花教会我如何用微笑赢得微笑，让我明白了快乐才是生命中最重要的事，不仅要自己快乐，还要让身边的人都快乐。

选自《意林原创版》2013年第11期

> 似乎我们每个人都是幸运的，总是在最困难的时刻遇到一个人，不管是同学还是朋友，还是暗恋的人。总之，就是这样一个人，帮助我们走出了封闭的自己。

偏食的孩子

文 / 杨宝妹

父母之年，不可不知也。一则以喜，一则以惧。

——《论语》

　　他曾是班上穿得最为体面的学生，由于生性聪颖，谦逊好学的缘故，在众多学生中，我对他尤其偏爱。

　　他在我的岁月中逐渐成长，我熟悉他就像熟悉自己的孩子一样。我尽心全力地将一切关于写作的技艺传授给他，并与他的父亲成为了无话不谈的好友。逢年过节，他必定协同儿子一块儿登门，为我送来家乡盛酿的美酒。

　　金融风暴使他父亲的企业几度陷入困境，最终，他的父亲不得不狼狈地在市报等媒体上宣告破产。我时刻担心家道中落的逆变会使他走入成长的死角，只好与他父亲协商，将他领到我的家中暂住一段时日。

　　我到底过惯了清贫的日子，家中也无任何先进的摆设。我怕他住不习惯，特意请求母亲加大每日荤菜的分量，尽量多换些口味。毕竟他生来过惯了那样富足的日子，我即便想要改变他的心志，也得慢慢入手。况且他刚巧遭逢了这样的巨变，我实在不想令他伤怀。

　　我的生活由此变得越发窘迫。他父亲陆续看过他几次，对我说了许多感谢的话，也恳求我务必将他的孩子照料周全，我大抵能想到他目前的处境。饭前在厨房里帮忙时，我听闻母亲说起关于他家的消息，不免心生悲叹。

他兴许还不知道，为了抵债，他父亲已经变卖了所有的家当，包括昔日那辆经常接他上学放学的小轿车。我没有告诉他实情，对于一个未满十岁的孩子来说，这显得过于残忍。

后来没过多久，他父亲便给我打了电话，要我把孩子送到车站，跟随他们一同回到北方老家。我心里极为不舍，但却没有任何挽留的理由。我和他说："你将要去北方了。"他点点头，暂时没能明白，这意味我俩将要长久分开。

我顶着纷纷雨雪将他送到了车站，他以为自己将要去远方旅行。直到火车缓缓开动，直到他透过车窗看到我湿润的眼眶时，才忽然懂得其中的悲伤。我见他在他父亲的怀里拼命挣扎，疯了似的拍着车窗，泪湿的小脸贴在玻璃上，洇开一层厚厚的水雾。

没过多久，我便接到了他父亲的来电，说他偏食得厉害，现在几乎不吃荤菜了。我心里有些不安，他毕竟是在长身体的时候，不能缺乏肉类的营养。于是，我想我该亲自和他在电话里说点关于饮食的道理，可他只要听到我的声音，便在电话那头哭成一团，使我心乱如麻。

他实在偏食得厉害。听他父亲说，他瘦了很多，整个人也沉郁了不少，为了使他能更好地成长，不得不将他送回原先的学校。

我听说他爱吃青菜，特意和母亲一道做了许多不同种类的素食。盛饭前，他到厨房找到了我，悄悄地跟我说了一句话，这句话，几度使我哽咽。他说："老师，待会儿你夹菜的时候能少给我夹点肉吗？我爸妈都很长时间没吃过一顿好饭了。"

当天，我为他的父母夹了很多肉，他一直在对面的位置上凝视我。那百感交集的眼神让我终生难忘。我想，他不是一个偏食的孩子，因为他比任何人都更懂得如何向有恩于自己的人释放心中藏匿的爱。

选自《东西南北》2010 年第 5 期

> 　　有些爱总是那么含蓄，好像表达出来对方就得不到爱了。人性因爱而伟大。

爱与尊严

文 / 孙道荣

世界上是先有爱情，才有表达爱情的语言的。在爱情刚到世界上来的青春时期中，它学会了一套方法，往后可始终没有忘掉过。

——杰克·伦敦

朋友问她，今天就是最后一天了，如果他准时出现在楼下，你会答应他，做他的女朋友吗？

这是她和他的一个"约定"。他和她，偶然相识，他爱上了她，对她展开攻势，穷追不舍，甚至有点死缠烂打，大有不达目的誓不罢休的劲头。但是她不喜欢这样的方式，而且她也不能确定，以他这样火热的性格，到底是真的爱她还只是一时冲动。所以，她一次次拒绝了他，有时语言甚至很生硬很过分，但他一点也不气馁，继续想尽一切办法接近她，讨好她。

她简直有点不胜其烦了，她托人转告他，如果真的爱她，那么就证明给她看。每天晚上7点，到她们宿舍楼下站半个小时，连续一百天。而别的时间，请不要来骚扰她。

他竟然答应了。

第一天，吃过晚饭，她在宿舍里看书，同寝室的姐妹喊她，快看，他真的来了，就站在树底下呢。

她探头看了看，还真是他，她淡淡地笑了笑，管他呢。

一连一个星期，他都准时出现，站在大树下。有时就那么笔直地站着，有时则绕着大树转几圈，有时又仰起脖子，望一眼她们宿舍的方向。看你能坚持几天？她心里想。

那天，下了一天的雨，到了晚上，雨下得更大，风也更急了。

7点，大树下，又出现了那个熟悉的身影。是他，斜撑着一把伞，被风刮得都有点变形了。姐妹说，这么大的雨，估计他半身都要淋湿了，要不喊他一声，今天就不用站半小时了吧？

她没想到，这家伙还真倔，大风大雨丝毫也没能阻止他。但是，为什么要喊他呢，又没人强迫他，是他自愿的。

和以往一样，直到7点半，他才离开。

还有一次，她们看到，他笔直地站在大树下，几个男同学恰好路过，和他热情地打着招呼。有个男生还试图拽了他几把，似乎是想把他拉走一起去做什么事。但他挣脱了，几个男同学哄笑着走开，他继续站在大树下。夜色下，看不见他的脸色，一定有点狼狈吧。但他站立的身影，很坚决。

每天，和新闻联播一样准时，他出现在楼下，大树下面。半个小时后，消失在黑夜中，从无例外。

他竟然真有这么大的耐心和恒心，这是她没有料到的。尤其让她意外的是，除了遵守"约定"每天出现在她的楼下外，他真的再也没有出现在她的身边，没有表白，没有"骚扰"。这一切，让她的心，开始悸动了。

时间过得飞快，一转眼，99天就过去了，就差最后一天了。

第100天，好像天公故意配合，一扫往日灰蒙蒙的景象，空气澄澈，仿佛也是为了来庆祝这个特定的日子。知道这个"约定"的人们，也在关注着最后一个晚上，这个浪漫的时刻。

面对朋友的问题，她显得有点紧张、无措。她回答说，如果他出现，就证明他是真的爱我的。"但是，但是……"她羞涩而迟疑地说，"我真的不知道，会不会答应，做他的女朋友。"

时间一分一秒地过去，快到 7 点了，没有人担心他会不来，那么多个晚上，无论刮风，还是下雨；无论是周末，还是假日，他都准时出现在那棵大树下。今天是最后一天了，天气又这么好，他怎么可能会不出现呢？这丝毫也不用担心。人们关注的是，在 7 点半之后，她该怎样应答他。

熟悉的新闻联播音乐响起来了，但在那棵大树下，空荡荡的，他没有出现，他竟然没有出现！

姐妹们不相信地揉着眼睛，这，怎么可能？

但是，他真的没有出现。

7 点零 1 分，他没来；7 点零 2 分，他还没来；7 点零 5 分，树下依旧是空荡荡的……7 点半了，新闻联播都结束了，他还是没有出现。

所有的人都惊呆了，姐妹们冷静下来，想着该怎样安慰她。

她拿出手机，找到他的号码。这么多天，他真的遵守约定，没给她打过一个电话，甚至没有一条短信。

姐妹们看着她，不知道她要做什么，打电话骂他一通？

"我决定了。"她对姐妹们说。

有人赶紧劝慰她，也许他是出现了什么特殊情况，今天才没能来。他都坚持了 99 天，说明他是真的爱你的，千万不要因为这一点点，而放弃了这段感情。

她埋头在手机上写短信，"嘀"一声，发了出去。

她把手机给姐妹看，短信是发给他的，只有三个字，"我愿意！"

试图劝慰她的姐妹们，反而怔住了，怎么，怎么就同意了呢？

未等她解释，"咚咚——"有人敲门。

一大束鲜花后面，是他的笑脸。

一年之后，在他们的婚礼上，依然有人好奇地想知道，第 100 天是怎么回事？她说，我也是在那天才忽然明白，原来他是用 99 天来证明爱我，而用最后一天来维护他的尊严和爱的尊严。这样的男人，当然值得去爱。而他说，一个懂你的人，才是真爱。

选自《做人与处世》2014 年第 14 期

> 懂你的，才是爱你的。很多人会给你买衣服、买鞋子买包包，可是这些人未必是懂你的。爱你吗？大概是爱的，可是却始终没走进你心里。

病 根

文 / 春光

每个人都有错，但只有愚者才执迷不悟。

——西塞罗

我从秦皇岛回到北京，感觉异常疲劳，稍事休息后，就来到办公室处理事务。桌子上放着高高的一堆信件和快递，我必须一个一个拆开，看看他们寄来的都是什么东西。

房门被一股强势的风推开了，随着踢踏踢踏的脚步声，一个彪形大汉闯了进来，他非常熟悉而老练地坐在了我桌子对面的椅子上，像簸箕一样的手掌在我咖啡色的桌子上拍着："大哥呀大哥，你怎么才回来？"

我手中的剪刀并没有停歇下来，我说："怎么啦？"

他浑黄的目光里充满无比的喜悦："大哥，我告诉你一个天大的喜讯……"

他故意打住了，盯着我的脸，在看我的表情。

我和他原本并不熟悉，只是前年冬天，我住院的时候和他住在了一间病房，这样便熟悉了。我听见医生和护士都叫他阿斗。

他是北京南城小红门乡肖村的农民，每天开一辆时风三轮车，从新发地往他们附近的菜市场贩菜。有一段时间，他的手腕和手背浮肿起来，而且长了许多疮，他到医院去检查，医生让他抽血化验。一看结果，说他血液里面毒素严重，必须透析。他不懂，问医生："怎么透？"

医生说："在脖子上插管，用透析液洗你的血。"他有些害怕，医生说：

"如果你不透析，发展下去有生命危险。"无奈之中，他只好听从医生的摆布。听说他老婆是一个私人建材门市的营业员，从他住院到出院，我没有看见他老婆到医院来过。

他是一个干活的粗人，饭量出奇的大，睡觉呼噜震天响，还磨牙说胡话。有一天晚上，睡到半夜，他在睡梦中大哭起来，把我吓了一跳。我叫醒他，两个人谁也睡不着了，就拉起家常。我说："你这么难过是不是有什么伤心的事情？是你老婆对你不好吗？"

他本来想习惯性地摇头，可是，脖子上插着管子，他忽然想起医生的警告，停止了摇头，而是摆了摆熊掌一般的手。他说："我想我的儿子。"

"你儿子当兵去了？"

"没有。"

"你儿子到国外留学去了？"

"哪能啊。"

"那么你儿子是离家出走，当和尚去了？"

"都不是。"

他起来坐在床上，喝了一口水，给我讲了他儿子的故事。

原来十年前的春节期间，他领着五岁的儿子去圆明园逛庙会。儿子是一个好动的孩子，他本来在湖上滑冰，突然看见路边有人叫卖红灯笼。那火红艳丽的灯笼在白雪的映衬下格外漂亮，他嚷嚷着要父亲给他买一只灯笼。阿斗就对儿子说："你在这里好好滑冰，小心摔倒，我去给你买灯笼。"

等他把灯笼挑过来时，却不见儿子的人影了。他顿时头皮发麻，头发都竖起来了，像疯了一样四处寻找，也没有找见。有人说他可能被人贩子拐跑了，也有人说他可能掉进湖里去了。能找的地方都找了，能去的地方都去了，还是没有儿子的音信。他到打印社去打印了许多寻人启事，走到哪儿贴到哪儿，这些年一直没有断过。

我说："你不要卖关子了，什么喜讯，是买彩票中大奖了？"他哈哈大笑："我告诉你，我找见儿子了！"

"啊！真的吗？"我也感到很惊奇，我为他而高兴："你能和我分享你的喜悦，看来你确实把我当成了你的朋友。"

"那当然。"他用手掌擦了擦鼻子："我今天先报告你这个喜讯，我请人选日子，咱们要好好庆贺一番。"

隔了三天，他通知我聚会安排在一个树林中的会所里。这里非常安静和优雅。我到了之后，阿斗在门口等我，我们落座以后，进来一个满脸胡茬的光头男子，他端来一盘瓜子。我们两个只说了三句话，有人喊他，他就出去了，这时候阿斗进来陪我喝茶。

我对他的儿子有些怀疑，我问他："这是你儿子吗？他年龄至少比你大20岁啊？"

"他说了，只要我给他买一套房，他就是我儿子。"

"原来是这样啊！是金钱衍生出来的儿子。"

他说，他虽然出院了，但是，感觉总是不好，他觉得西医虽然能够救急救命，但是不能除根。要是能把病根除了，他就是一个彻底的好人了。

我无语，我想，他确实是病了，病得不轻，但是，我觉得病根不在身体，而在灵魂。人如果痴迷某一种事情，无形中就会失去智慧而变得愚蠢却不能自拔。

选自《语文周报》2015 年第 6 期

病在身体尚可治愈，如果病在心理，那就只能自己疗伤了，交给时间，都不一定能好。

花开两朵，未必天各一方

初秋，风动桂花香。他循着香气向前走去，看到一排排的桂花树，以及站在花树下的她。她穿着一袭淡碧色的长裙，袅袅婷婷，捧着英语书在诵读。闻着沁人心脾的花香，听着清脆悦耳的读书声，他有些失神般地陶醉了。

春风化雨润物无声

文 / 李迎春

教师是人类灵魂的工程师。

——斯大林

无论岁月如何洗刷，记忆里总会留存一些珍贵的片段，像一颗颗星光闪烁的宝石，串起你曾经的过往珠链，让你的生命折射出明丽的光芒。

在我欣慰地梳理自己的追梦之路时，不禁想到一位给我文学创作以启蒙的人——齐本成老师。

他是老家的一位中学教师，与我家有拐着弯的亲戚，我叫他姨父，但他更是我的良师益友。齐老师个子很高，宽肩膀，大脸庞，一双眼睛经常会专注地盯着正前方，像是在思考着什么。言谈时眼睛会有明显的变化，流露出睿智的神采。

他性格内向，话语不多，为人憨厚，甚至有点迂腐。如果并不熟悉他的人，第一次见到他，会以为这是一位耕种土地的憨厚朴实的农民。他在教书育人的课堂上，勤勤恳恳三十载，学生遍布全国各地，可谓桃李满天下。

我还记得第一次和齐老师交往的情形。当时我刚刚喜欢文学，听说他是当地小有名气的作家，收藏了很多书籍，便让他爱人，也就是我那个姨捎话，请他来我家。我想向他求教写作，借阅一些文学书。

就在一个初夏的早晨，他在腋下夹着两本小说和一份自己写的文稿，佝偻着腰，迈着他特有的大步来到我家，当时，正好爸爸妈妈要去上班，妈妈说："你和丫头聊，回头你走时，关上门就可以了。"然后忙着和他告别。听了我妈妈的话，只见齐老师满头大汗，语无伦次，匆忙放下手里的两本小说和自己的文稿，逃也似的离开了我家。

当时我有点茫然，虽然我身体不便不能走路，但并不影响亲戚朋友来访，我不明白姨父为什么要躲着我，我准备了很多问题要请教他，他怎么走了，显然是不想和我单独聊天。

也许是自己残疾的状况让他无所适从，我便在心里掠过一丝委屈，甚至觉得受到了伤害。事后我才了解到他不敢面对任何一个女性单独说话，一向对性别模糊的我，那一刻才明确地知道，自己是一个女性。

后来，除了齐老师，还有两位文友姐妹，我们成了经常交往的文友，大家互相借阅书籍。每当年底订阅文学期刊时，就互相商量，不重复订阅，这样大家可以互相借阅，看到多种期刊。由于我行动不便，我家自然就成为我们谈论文学与人生的场所。他们几乎每周都来我家，但齐老师会选择我爸爸妈妈在家时来。

他一直躲避和我单独聊天，甚至躲避我对面的座位，好在我家房间足够大，可供他选择的位置很多。他一般坐在我看不见他眼睛的地方，称呼我的小名，似乎在提醒我他是长辈。如果聊得时间晚了，他和几位姐妹一起离开时，他会抢先离开，避免和那两位姐妹在夜路上碰到熟人。

我们三姐妹在私下里都可以说出两段齐老师迂腐的故事，令人捧腹大笑。他就像相声里的蔫哏，并不抢戏却笑料十足。

顽皮的楚涵妹妹最能"欺负"齐老师，有一回他们三人一起离开我家，大约晚上九点多，冬日的夜色已经很浓重。他出门后埋头快走，与楚涵妹妹和玲姐拉开了距离，楚涵就喊："齐老师，你慢点走好吗？天这么黑，我们害怕。"齐老师说："前面有啥危险我挡着。"那一刻，他头上一定又冒汗了。

齐老师对人宽厚善良，从不清高自傲。每次他订的期刊来了，总会先送到我家，等我看完，他再自己取回去看。有时候我觉得过意不去，求爸爸送还给他，他说不着急看，有时间自己会来拿。时间长了，我就心安理得地接受了他的好意。每次来我家，他都会把自己的藏书带给我两本，我就像仓鼠一样，在他的配合下尽情地啃食他书柜里的藏品。我拙笔写成的文字会毫无自卑地呈现给他，他也毫无保留地把写作知识传授给我。在他的指点和鼓励下，我的一些稿件开始见诸报端。

我常常想，我对文学的爱好能一直坚持着，在很大程度上是受齐老师的熏陶和影响。他对文学创作的执着，已经到了痴迷的程度。在读大学时就开始写作，成家立业后，创作热情依然不减。他的妻子经商，无法理解他的爱好，更别说支持了，时而会闹出点不愉快，但这一点也没有影响他对写作的热情。

寒来暑往，他的写作从不曾中断，周围的环境也干扰不了他的笔耕。他几乎把所有的业余时间，都用在了读书写作上，别人玩扑克，他在一边安静地构思小说人物；同事聚集一起闲聊时，他心无旁骛地在一隅写他的小说。他用勤奋换来了他的收获，作品陆续在《微型小说选刊》《长春日报》刊登、获奖。他加入了长春市作家协会，还是一家文学期刊的签约作家。

齐老师为人谦虚，尽管教师的工资和妻子经商让他的家境足够富裕，可他花钱却很节俭，他的穿着打扮与他的教师身份并不相称。一位编辑私下半开玩笑地说，初识齐老师，很难了解他的知识层面，就像农村的房子，里面不管藏有多少金银财宝，从简朴的外表很难识破里面的内涵。

齐老师不善言辞，甚至有点儿木讷，极少流露出他为人的温情，就像有着粗糙外表的河蚌，将珍珠深藏于内心。与我认识了两年后，他才能够从容地面对面与我交谈，多数情况下是我请教什么，他就讲述什么，总是耐心地听我说完，然后细致地给我解答。

有一次，我因为什么事流了泪，正赶上齐老师来到我家，他看我伤心地哭，并没有劝慰的话语，只是坐在对面很关切地望着我，和我妈妈有一句没一句地闲聊。直到很晚了，等我平静下来，他才说了一句话："不管多大，都是孩子啊。"然后，告辞回家了。第二天，他找个借口又来我家，我知道他是来观察我的情绪的，看着他牵挂却又无语的样子，我笑了，心里暖暖的。

2000 年，我随父母迁居离开了老家，也中断了交往四五年的文学朋友们。此时我才发现这份友谊的弥足珍贵，我常常怀念我们在一起读书、写作、交流的点点滴滴。

齐老师曾经给我捎来两本刊登他自己作品的书，我也回赠给他一本毕淑敏的散文集。这便是我与齐老师分别十多年的全部联系了。

怎么也没有想到，前天上网，一位做文学编辑的兄长拉我进了他的 QQ 群，在这个文友群里，大家都用自己的实名，我竟意外地见到一个非常熟悉的名字——齐本成。我有点不相信自己的眼睛，查看了一下资料，果然是他。

茫茫人海，几亿人的网络世界，我们竟然就这样重逢了，令我惊叹不已。也许上帝怜恤我，把那份亦师亦友的缘分再一次恩赐给我，让我尽享齐老师的润物无声，还有那十分珍贵的友情。

选自《语文报》2015 年第 22 期

一路上我们会遇到很多人，他们就是为了教会我们学会些什么东西才和我们相遇的。

用责任守望爱情

文 / 一枚芳心

人生须知负责任的苦处，才能知道尽责任的乐趣。

——梁启超

　　山村的早晨清新怡人，空气里飘荡着丝丝芬芳，缕缕炊烟穿过树梢，向天空飘去。宁静的农家小院，他搀扶着她在院子里练习走路。她头上戴着帽子，表情木然，走上几圈后，他就让她坐在凳子上休息一会儿。

　　他蹲在她面前，按摩她的手指和胳膊，她突然把胳膊从他手里挣脱出去，孩子似的拍打着他。他忙说："乖，是我不好，弄疼你了吧，下次按摩的时候我会轻轻的，好不好？来，我们再走几圈，走完了我去给你买爆米花吃好不好？"她笑了，像一个天真的孩子。

　　他今年24岁，是个帅气英俊的男孩。她是他的未婚妻，比他小一岁，生活不能自理，智力在两三岁水平。原本他们是一对幸福的恋人，但一场飞来横祸，改变了一切。

　　去年秋天的一个晚上，他和她看完电影沿着公路回家，他走在她的左边保护着她，两人说着刚才的电影，不时笑着，幸福而甜蜜。马上就要到家了，他和她相视而笑。突然，她被后面飞速驶来的一辆摩托车撞了出去，头部着地，鼻口满是血，当场失去了意识。他急坏了，抱起她边跑边拦车，很快，一辆车停了下来，把他们送到了医院。

　　经医生检查发现，她的颅内大面积出血，血块压迫神经，必须立即做开颅手术。几天里经过两次大的开颅手术后，她终于醒了过来。望着醒来的她，他握紧她的手，呼唤着她的名字，她却面无表情，不认识他了，连自己的母亲和家人都不认识了。医生说她已没有了认知能力。

她的智力水平变得非常低下，吃饭喝水无节制，大小便失禁，生活完全不能自理。看着她变成现在的样子，他的心十分疼痛。

她一刻也离不开别人的照顾，她的母亲个头矮小，一个人根本照顾不了她。医生说不能让她跌倒，一旦跌倒，以前的治疗就都白费了。听了医生的话，他毫不犹豫地说："我留下来照顾她，保准不让她跌倒。"

每天早上，他帮她穿衣服、洗脸、刷牙，然后扶着她出去遛弯，回来喂她吃饭，然后再帮她按摩，陪她聊天。说什么话他都得思量着，因为医生说不能让她伤心，更不能刺激她，那样不利于她的恢复。他就像哄小孩一样，时时刻刻哄着她。

他的母亲打电话让他回家，因为是家里的独子，他担心家里有什么事，便匆忙赶了回去。原来母亲给他安排了一次相亲，母亲说："你不能再去照顾她了，你也不小了，我们也老了，你还是找个健康的姑娘早点结婚吧。"

他说："那怎么行，她现在正是需要人照顾的时候，我不能扔下她不管。"

母亲说："你结了婚一样能照顾她，可以像照顾妹妹一样照顾她。"他说她是和我在一起时出的车祸，我要对她负责任。

他不顾父母的反对，毅然回到了她的身边。

日复一日，她的病情并无大的进展。无眠的黑夜里，想起年迈的父母无人照顾，想起同龄人结婚后都过得那么幸福，想想自己的付出不知道何时才有回报，他觉得命运与他，是那么冷酷。放弃的念头在他脑海里闪啊闪……

但看着睡梦中的她孩子似的笑着，那么单纯，他轻轻地握住她的手，告诉自己：既然走到一起，不管发生什么事，都应该一起坚持走下去。他知道她需要他，他相信她有一天会好起来。他觉得她就像一朵暂时睡意浓重的花，总有一天会醒来。

邻居对他说："你们才相识一个月她就出了车祸，你这么照顾她，还把她照顾得这么好，真不容易。"

他眼圈红了："如果我不管她，她这辈子可能就完了。我希望她好起来，也相信她一定能好起来。"

上天不负有情人，她的病情慢慢出现了好转，她能下床了，在搀扶下能走路了。有时候，嘴里还能蹦出几个词，并能听懂他说的话了。他高兴极了，他觉得黑夜似乎也变得温暖了。

医生说她什么时候能好起来还不确定，就算康复了也会留下后遗症。他说不管将来怎样，他都会继续好好地守在她身边。

他对她说："你快点好起来吧，你好的那天，我们就去领结婚证。娶你做我的新娘子，一辈子也不分开，好不好？"

她点了点头，笑了。

有人问他这样的日子苦不苦，他一脸阳光地说："说不苦是假的，但甜蜜更多，就像等待一朵花醒来，心里是满满的希望。如果你带着责任心去爱一个人，做什么都不会觉得苦。"

选自《语文周报》2014 年第 3 期

> 苦是假的，可是更多的却是甜蜜。等待一个人是甜蜜的，爱一个人也是，被爱同样如此。

优雅等待花开

文 / 顾晓蕊

不能浪费任何一段经历，每段经历都要理性地提炼。

——张亚玲

一

初秋，风动桂花香。他循着香气向前走去，看到一排排的桂花树，以及站在花树下的她。她穿着一袭淡碧色的长裙，袅袅婷婷，捧着英语书在诵读。闻着沁人心脾的花香，听着清脆悦耳的读书声，他有些失神般地陶醉了。

自那以后，在校园里，在食堂里，他的目光都有意无意地追逐着那个倩影。她素净的脸上，挂着淡淡的笑，凌波微步般一闪而过。令他没有想到的是，高二分文理班时，她竟成了他的同桌。

她落落大方地跟他打招呼，"嗨，你好，我是芦小诗。"他难掩喜悦地笑应道："我的名字叫张树，很高兴能够和你同班。"有时遇到难解的题，她会一遍又一遍耐心地给他讲解。晚饭后，她喜欢吃苹果，削去薄薄的果皮后，她将苹果切成两半，把其中一半递给同桌的他。

他接过来，一小口一小口慢慢地吃。那一份甜融进嘴里，化进心里，悄然升起一种淡淡的情愫。

没想到一件小事，打破了这份平静。

那天下楼梯时，他不小心扭伤了脚，她看见后，立刻冲上前搀住了他。这看似亲昵的一幕，偏巧被年级长撞到，因此两人被"请"进教导处。班主任闻讯赶到后，说："这件事交给我来处理吧。"

他们低着头，默默跟在老师身后向教室走去。老师忽然站住，指着一些嫩绿的枝条说："你们看，上面长花苞了，等待花开的日子是美好的。"顿了顿她又说："我相信你们，回去好好复习功课吧。"

原以为老师的脸会晴转阴，甚至大发其火，没想到会把他们当作受惊的小燕子，轻声细语地给予安抚。他们满怀感激，主动跟老师挥手道别，若有所思地回到教室。

二

第二年的夏天，她考取了省内的一所中医学院，而他跟随家人去了加拿大。到了国外以后，考虑到语言交流的障碍，他被母亲安排到一家语言学校就读。

这一年多来，他无心领略当地迷人的异域风光，脑海中时常浮现出她甜美的笑容。

他通过同学联系上她，经常跟她通越洋电话、发短信。他的爱如一缕春风，在她的心湖中泛起层层涟漪。随着时光流逝，思念更浓，他们的感情不断加温。

他要回国，去找朝思暮想的她，这个想法刚一提出，就遭到了母亲的反对。他心意已定，暗暗从生活费中省出钱，买了一张回国的机票。下了飞机后，他身上的钱已所剩无几，只好跟同学借了些钱，坐火车驶向她所在的城市。

从电话里得知，他只身回到国内，这个消息让她又欢喜又吃惊。她赶到火车站迎接，当看到他一路风尘仆仆，身形削瘦，眼里盛满疲惫时，她的眼泪肆无忌惮地滑落下来。

为了能经常看到她，他在小城的一家酒吧里打工，在她的劝说下，他边打工边补习功课。又是一年盛夏时节，他考到同省的另一所大学，就读煤炭工程专业。

读大学期间，每逢周末，他就乘火车来看她。两人沿着河畔散步，她走累了，他会背起她跑上一段路。偶尔她会给他讲起中医，桔梗、白薇、锦灯笼、相思子……她说，这些好听的草药名，给人妥贴安稳的感觉。

她乌黑深邃的眼眸里，尽是似水柔情，让他甘愿沉溺其间。这个素心如简的女孩，浑身透出一种难以言说的气质。他多想和她在一起，看花开花落，任韶光流转。就这样携手相牵，岁岁年年。

三

他毕业后，在一所煤矿工作，成为一名煤矿技术员。由于工作的缘故，他经常深入到矿井一线，经过一天的忙碌后，累得骨头都快要散架了。

大洋彼岸的母亲知道后，几次打电话催他返回加拿大。这次，母亲的态度已有所缓和，同意让他带着女友一起出国。母亲还发来了几张照片，花园式洋房，清幽秀丽的环境，自家院内的大树上，还跳跃着几只小松鼠。

他找到正在读研究生的她，转告了母亲的想法。她神情沉静，眉梢间却透着坚毅，"我的根在这里，何况读的是中医专业，应当留在国内。"他将她的手合在掌心，说："这也是我们俩的选择，我这就告诉母亲，要永远陪在你的身边。"

她轻叹道："你的工作太辛苦，有时还很危险。""放心吧，我会好好工作，用行动证明给你看的。"他的坚定、勇敢、无畏，让她心中一暖，感动地扑进他宽阔的怀里。

又过了几年，他经过不断的努力进取，赢得领导的赏识和器重。他被调到煤炭工业设计院，凭着果敢严谨的作风，把工作干得风生水起。这时她那边也传来好消息，她考取了北京中医药大学博士。

他跟她商定，要趁着放暑假，给这长达八年的爱情长跑，划上一个完美的句号。

她穿着洁白的婚纱，款款地向他走来，宛若一朵盛开的白莲花。证婚人是他们的班主任老师，在婚礼上她拉着他们的手，笑盈盈地说："祝福你们！我无意中竟做了一回红娘。"

他们莞然一笑，心里幸福流溢。爱情是尘世间最美的花朵，在这近三千个日夜里，他们用一种优雅的姿态，静静地守候花开。最终，他们等到了圆满和相守，演绎着属于自己的浪漫传奇。

选自《才智》2013 年第 12 期

> 守得住寂寞，才能争得到繁华。每一段漫长的等待都是值得的，因为等待本身就是幸福的。

零下十九度

文 / 李兴海

寂寞的人总是会用心地记住他生命中出现过的每一个人，于是我总是意犹未尽地想起你在每个星光陨落的晚上一遍一遍地数着我的寂寞。

——郭敬明

一

我和林子萱同桌半年，说得最多的一句话，大概就是你中了没有。那时候，福彩刚出没多久，五百万，简直是天文数字他爹。

夏老头成天站在讲台上唠叨，孩子们啊，形势危急啊，只有付出的人才能得到收获啊。不知是夏老头特别偏爱"啊"这个字，还是为了刻意突出中年个性，每说一句话都非得把这个"啊"字给捎上。

后来，这句话成了林子萱的口头禅。每当我信念动摇，决定放弃彩票大业的时候，她都会把这句话搬出来教训我。小海啊，形势危急啊，只有付出的人才能得到收获啊。口气神态和夏老头一模一样。

学校门口的福彩售票点彻底成了我和林子萱的根据地。我不得不说，彩票真是一个伟大的发明，它不仅让两个颓唐年轻人的心里有了癞蛤蟆的梦想，还使一贯讨厌数学的少年们爱上了公式。

我和林子萱坐在教室的最后面，摊开从福彩点抄来的中奖曲线表，成天算啊算啊算，只希望菩萨保佑，给点灵感，然后和牛顿一样，发现什么万有定律。

勒紧裤腰带过了大半年，天天买彩票，天天做换算，结果，除了神态憔悴，成绩倒数外，再无其他收获。

林子萱主动提出放弃彩票大业的那天，我激动得差点哭起来，这要命的日子，总算是要结束了。为了表示庆祝光明日子的到来，我掏钱买了两大瓶柠檬雪碧，而后抱着它们，屁颠屁颠地跟着林子萱去教学楼的屋顶上吹风。

雪碧刚喝一半，林子萱就开口了，彩票是没戏了，放弃就放弃，但咱们总不能因为彩票而把最根本的追求也放弃吧？

林子萱最后出的这个天才主意，真和学校食堂的泔水有得一拼，馊得不能再馊。

二

2003 年 9 月 15 日，李白工作室正式秘密成立。为什么要秘密成立呢？因为这个工作室严重违反了校纪校规。

林子萱说，聪明的人，总是懂得资源充分利用，你看，你文笔多好，咱们完全可以凭此创业，搞出一番天地嘛，对不对？

创什么呢？我尚且一概不知，但林子萱的回答却让我当场喷血。代写情书，代写作业啊，按对方的经济实力和工作难度来收取费用。譬如情书，光写不送，五百字，收费五块；又写又送，五百字，收费十块。另外，成稿时间不一，收费也就会有所不同。要求三天内成稿的，费用可酌情优惠；要求两天内成稿的，适当加价；要求当天成稿的，不用说，绝对是急件，不敲一笔怎么行……

创业的内容差不多定了，工作室的名字嘛，一定要有气势，最好是弄点名人效应。你知道的，现代人，吃什么穿什么都喜欢讲个牌子。林子萱在我眼前晃来晃去，指手画脚，说得头头是道。

你姓李，李白也姓李，真巧，那咱们就叫李白工作室吧。气派，保险，将来做大了，也不怕有人告状，真闹到法庭上，咱也不怕。一千年前，弄不好你和李白还是同宗亲戚呢，算不上侵犯此人的名誉权和姓名权……

林子萱说得唾沫横飞，手舞足蹈，兴奋得差点从楼顶上跳下去。

第二天清早，还没征得我的同意，她就私自把工作室的手写宣传单发了出去。还美其名曰，强强联手，五五分成。

三

李泊然重金要求我写情书拿下林子萱这件事，来得真是够突然。平日里也没见李泊然对林子萱怎么样啊，怎么忽然就下这么一个手笔呢？

我跟李泊然语重心长地说，哥们儿，你弄明白了没有？确定是133班的我的同桌林子萱？不是隔壁134班的林萱萱，也不是歌手范晓萱？

李泊然的脑袋里绝对有水，还没等我把话说完就一把攥住了我的手。一面啪啪地拍着，一面热泪盈眶地说，兄弟，我知道这个事情非常有难度，可正因为有难度我才找你们李白工作室来帮忙啊。价钱不是问题，只要你把这件事情搞定了，酬劳双倍不说，我还把我那辆新买的山地车免费送你！

我见过李泊然的那辆蓝色山地车，闪眼，霸气，帅得一塌糊涂。听说是他爸爸为了鼓励他奥数获奖特意开车去成都载来的，全镇仅此一辆。

我心里暗骂，真是个蠢货，林子萱那野丫头值那么多吗？脾气暴躁，声音粗哑，成绩倒数，真是没看出她有哪点好。

不过，为了顺利得到这辆山地车，彻底结束我的徒步生活，我不但昧着良心说了许多言不由衷的话，还把情书老老实实地修改了整整五遍。

李泊然誊抄之后，刚派人密送到林子萱手里，我的耳朵就马上被炸聋了。林子萱那野丫头，差点把我新买的白衬衫拽烂。看到没？看到没？竟然有人追我了，哈哈！

你这就答应人家了？我斜眼瞪着得意忘形的林子萱。

等明天见了面再说吧，还不知道此人长得是多少像素呢。如果太模糊的话，那还是算了，本姑娘不太喜欢抽象派的作品。

四

林子萱去和李泊然在咖啡厅约会的时候，我一直坐在对面的小餐馆里默默监视。当林子萱微笑着伸手接过李泊然手里的玫瑰时，我气得一巴掌就把餐馆的小茶壶拍到了地上。

好你个林子萱，装什么淑女？真是假得不能再假。一束玫瑰就把你给俘虏了？我们李白工作室的经纪人也太廉价了吧？

下午六点的时候，我给林子萱打了电话，还没等我开口审问，她就在那头炸开了，天啊，你知道么？给我写信的竟然是李泊然！全省奥数第一名哟……

电话之后，我心里失落极了。我暗骂自己，这有什么可恼的呢？不就是个林子萱么？缺了她，李白工作室照样可以生意兴隆，财源广进。再说了，这么个粗声粗气对我大呼小叫的野丫头，早走早好呢！

可躺在床上，心里还是止不住惆怅的洪流。我知道，自己有多么不情愿帮李泊然写信，可那有什么办法呢？尽管我曾狠下决心要把那封信的最后署名换成李兴海，可写到最终，还是没有那样的勇气。

五

2004年秋天之后的那些日子，李泊然为了比赛，天天参加奥数集训，而一向没有耐性的林子萱，竟一改常态，每天都默默地站在学校门口的公交站牌下等他。

我鼓足勇气，蹬着山地车冲到林子萱的面前，嬉皮笑脸地问，奥数冠军还没回来吗？林子萱摇摇头，一言不发。

— 演好自己的角色 —

我忽然觉得我们之间的距离变得好远好远。我故作从容地摆摆手，你让那个奥数冠军好好算一下下期福彩的一等奖号码，要是算出来的话，记得给我发个短信啊。

众望所归，李泊然到底得了冠军。学校贴出大红喜报那天，林子萱没来上课，我坐在空荡荡的椅子上，朝着远处的山巅发呆。

林子萱朝我哭诉李泊然移情别恋的过程时，我除了心痛，还有种说不出的喜悦和快慰。原来那些天，林子萱不是为了等李泊然，而是为了等一个答案。

李泊然最终选择了那个能歌善舞小鸟依人的钢琴女孩，那是我第一次见林子萱哭。我相信她动了真情。

六

林子萱说要出国留学的时候，我正在筹谋一封向她表白的情书。

这是她爸爸做的决定，多伦多，地球的另一端，太平洋的另一岸。

记得那天我孩子气地问过她一句，不去不行么？她笑笑。我知道，在这个懵懂而又忧伤的年纪里，命运和路途往往都轮不到我们抉择。

这封打算写给林子萱的信，一直没有写好。

冬天的雪呼啦啦地来了，林子萱说，出来吧，一起看雪，明天就去多伦多了。我和林子萱在白雪路上走了很久很久。手僵了，脚麻了，还是舍不得说再见。我知道她想见一个人，可我争取了很久，李泊然还是不愿见她。

我开始讨厌懦弱的自己。如果当初我勇敢一些，直面拒绝李泊然的请求，大方地送出那封由我代笔的信件，今天的林子萱是不是就会快乐一些？

二十四小时之后，林子萱上了飞机，在她手机处于关闭状态的时候，我发出了一条冗长的短信。丫头，你听过这个故事吗？在漫漫大雪的天气里，只要和一个了解你的人选一条不拐弯的路，一路走下去，迎着风，抗着雪，大步流星，义无反顾，直到头顶盖满白色的雪花。那么，你就注定可以和这个人十指紧扣，白头偕老。

七

林子萱走后，我第一次进书店买了一张世界地图。因为我实在想要知道，从中国大理到加拿大的多伦多，究竟隔着多远的距离。

无数的线条在地图上舒展蔓延，那是莽莽的山川和铁路。红蓝相叠，经纬交错，湛蓝的太平洋在有限的视野里变得温润且柔和。

一个月后，林子萱发来邮件，她说，你知道么？多伦多和北京竟然有十三个小时的时差。

我知道，这些我都知道。因为你，原本对地理毫无兴致的我，忽然开始关注多伦多的一切状况。我知道，你所在的城市是加拿大的工业和商业中心；我知道，它地处北纬 43 度 39 分，西经 79 度 23 分；我还知道，我的白天是你的黑夜；我也知道，那里的冬天极冷极长，风声呼啸，雪似冰刀……

只是，你知道我那条短信的意义吗？

二月，林子萱发来邮件，内有一张截图，是手机上的天气预报。小雪，−21℃～−19℃。

图片的右下角，有一段拼上去的暗灰小字——请问，这么冷的下雪天，抽象派的你敢不敢陪我一起走下去？

选自《考试报》2014 年第 33 期

每一段执着的等待都是值得的，每一对合适的人都应该在一起，不论多远不论多久，反正在一起，就好了。你一定要珍惜那个陪你很久很久的人，因为要不是因为你，他早就离开了……

— 演好自己的角色 —

一杯咖啡喜欢你

文 / 代孔胜

任何时候为爱情付出的一切都不会白白浪费。

——塔索

惊鸿一瞥

每年夏天，马小姗都会从北京回到昆明，看看她爸。

很多年前，她爸和他妈离婚了，她判给了他妈。那天，城南老巷里的所有人都见证了马小姗的撕心裂肺。为了远离这座充满忧伤记忆的城市，她妈妈带着哭天喊地的她，提着两个棕色的大箱子，头也不回地消失在了昆明的雪花里。

十六岁那年夏天，马小姗回来了。我站在铺满爬山虎的阳台上，凝视着陌生而又熟悉的马小姗。她身着粉色连衣裙，站在小巷两旁的洋槐树中央，默默地审视路中的一切。夏日的风，像一个永无休止的故事，从幽深的那头袭来，扑开她的乌黑长发。

第二天，老巷里的所有人都知道马小姗回来了。

马小姗被带走那年，刚好六岁，而今，已是十年之隔。这些年，他爸一直没有另娶，不但戒了赌，还在小巷的北面开了一间廉价咖啡店。

巷子里有几位爱喝咖啡的老头，他们成天坐在云蒸霞蔚的洋槐树下打扑克，逗黄眉雀。马小姗每天都要来巷南这头送咖啡，她不会说地道的昆明话，因此，老头们经常风趣地为难她，阴阳怪气地学她说京片子。

第一次听马小姗说话，是在巷南的小卖部，我等着找零，马小姗急着要砂糖。她的声音，似乎有一种特别的颜色，明朗得如同阳光下的蓝色湖泊。她提着半袋砂糖转身飞跑，乌黑的长发和粉色的连衣裙，像雾，像雨，在充满洋槐花香的风中，交织出一条又一条抹也抹不去的色彩。

仅是一眼，我便不可自拔地喜欢上了十六岁的马小姗。

一杯咖啡

马小姗彻底把我忘了。她不记得，她走那年，我曾给她送过热腾腾的鲜肉包子。

我像是一名被罚画地为牢的士兵，整天坐在家里，没日没夜地进行题海战术。高二的生活，枯燥得如同巷南墙面的灰尘。

为了见到马小姗，我和父母提议，每天喝一杯咖啡提神，他们同意了。

从此，我有了一个自由的姿态。我可以穿着白色的背心，把头伸出窗台，朝着城北那边的咖啡店大喊，喂，老板，来一杯咖啡！

起初，马小姗每次都会冲出来看看叫咖啡的人在哪里，待会儿好送过去。后来，她熟悉了我的声音，便不再惊慌失措地跑出来。

马小姗不知道我的名字，她只会端着滚烫的咖啡站在门口轻喊，一杯咖啡，一杯咖啡，谁的一杯咖啡？

当马小姗第25次端着咖啡站在我面前时，我终于忍不住叫了她的名字。马小姗，这些年你在北京还好吧？还记得那年我给你送的鲜肉包子吗？

马小姗笑了，她的笑靥，使整个巷子的夏天都变换了颜色。她好奇地问我，哎，一杯咖啡，你叫什么名字？

我说，我就叫一杯咖啡。她又笑了，低垂而又修长的睫毛像大雨中的海啸，彻底淹没了我。

— 演好自己的角色 —

明年夏天

这个暑假过得特别快。

马小姗说，北京的夏天就像蒸笼，要把每一个路人都变成包子。我接过她手中的咖啡，满怀希望地说，昆明是避暑胜地，要不，你每年夏天都过来吧。

她没有回答我的问题，我知道，她有太多的身不由己。

临近暑假尾声的时候，我每天至少要点五杯咖啡。马小姗建议我，孩子，少喝点咖啡，这东西喝多了也不好。

我笑笑，我真想问她，如果我不点咖啡，你会不会从巷北跑到这儿来看我？我始终没有勇气问她，她的美丽和单纯，时常让我觉得像是不可触及的星辰。

马小姗临行前日，我点了这个暑假的最后一杯咖啡。我说，马小姗，你知道红嘴海鸥吗？虽然，它们不属于昆明，但是每年冬天，它们都会从北方迁徙到这儿。这是它们和昆明的约定。

马小姗笑了，拍拍我的脑袋，你真傻，你又不是红嘴海鸥，你怎么知道它们一定来？要是它们之中有谁不来呢？你也不知道吧？

我仰头大笑，漫不经心地问马小姗，明年夏天，你还会再来吗？她仍旧没有回答我在这个夏天的最后一个问题。

她匆匆下楼的时候，窗外的洋槐树正被夏末的凉风吹得低声啜泣。只有树叶知道，那是风在与它告别。

而马小姗，你根本就不知道，这些眷恋滇池的红嘴海鸥只有一种情况不会再飞回来，那就是，它们已经在路上失去了生命。

我喜欢你

马小姗买了从昆明到北京西的火车票，晚上20：43。

四点半的时候，马小姗主动为我送来了一杯免费咖啡。她穿着宝蓝色的运动套装，站在门口轻喊，一杯咖啡，一杯咖啡。

我想了整整一夜。我知道，马小姗这次走后，很可能就不会再回来。她已经不再属于昆明这座没有四季之别的春城。

热腾腾的咖啡在马小姗的手里升起袅娜的烟雾。她说，我要走了，一杯咖啡，祝你来年金榜题名，呵呵，当然也祝我金榜题名。

我再也没有问马小姗，明年夏天，你还会不会来昆明？

她把咖啡递到我的胸前，瞬时，浓烈的忧伤铺天盖地地席卷而来。我想，我和马小姗不可能再见面了，怀有这样的愁怨，我忽然有了一股莫名的勇气。反正，说过之后，我们从此就天各一方，互不相扰。

我清了清嗓，凝视马小姗的眼睛，嗯，马小姗，我喜欢你。

这句肺腑之言，如同晴天霹雳，彻底击中了马小姗。滚烫的咖啡盘松手而落，连砸带烫，弄伤了我那只因情急而上前的只穿着凉拖鞋的右脚。

通宵达旦

马小姗走后，我低沉了很长一段时间，没有她的电话，亦没有她的地址。我和马小姗彻底断了联系。

她像一只受惊的海鸥，冒着酷暑，匆匆逃回了如同蒸笼一般的北京。

我打开博客，写下了十七岁的最后一句话，马小姗，一杯咖啡是真的真的喜欢你。

学校为了提高升学率，不但提前了毕业班的早读时间，还把晚自习多加了一个小时。课桌上堆满了形形色色的习题册，墙壁上挂着偌大的倒计表。

我想念马小姗的时间越来越少。偶尔，躺在床上，看着那扇飘满洋槐树叶的窗户，会整夜整夜地失眠。不知道马小姗有没有想过那位名叫一杯咖啡的男孩。

马小姗的爸爸说，小海，我真羡慕你，正值年少，成绩又好。如果我有那么好的条件，我一定好好读书，去北京开间咖啡店，陪着我女儿。

这句话，忽然打破了我的沿海梦，我一直想走出高原，去平原看看，上海或者浙江。坐在一望无垠的沙滩上，听潮，奔跑，等成群的海鸥载着我的相思迁往昆明的滇池。

阳春三月，我终于决定去北京，去这座没有海，没有高原，亦没有海鸥遮天的城市。目的，只是想去北京看看马小姗，然后，把一切关于她的消息，告诉她爸爸。

为了去北京的大学念书，我新买了几本习题册。通宵达旦，拼了命地解题，拼了命地记公式，拼了命地背单词。

我把所有的青春和精力都交给了考试。目的，只是为了去一个之前我连想都没有想过的城市。

阴差阳错

昆明夏天来得特别早，不热，却到处开满了姹紫嫣红的花儿。茂盛的洋槐树在风中微微招展，像在甜蜜地窃窃私语。

高考已经完毕，我不顾爸妈反对，顶着天大的压力，毅然报考了北京的三所大学。

马小姗一直没有回昆明，巷南的咖啡店依旧红火。只是，送咖啡的，换成了一个陌生的小伙子。

录取通知书已经下来，坐在呼啸的列车上，我想，我注定就是一只红嘴海鸥。虽然心在昆明，却不得不去北方寻找另一个归宿。

我开始四处打听马小姗的消息，周末，坐着遍布北京的地铁，一所又一所中学地去找。顶着烈阳，站在学校公布的喜报栏下，一个名字一个名字地挨着看，到底有没有马小姗这个人。

我始终没能找到马小姗。后来，我换了方式，用各种搜索引擎在网络上苦寻关于马小姗的文字。

　　十月，一篇名为红嘴海鸥的日志跳进了我的视野。里面虽然没有马小姗的名字，却有一杯咖啡这个独特的称谓。

　　这是一个真实的故事。一位女孩，为了每天都能见到自己喜欢的男孩，总是抢在其他员工前面端走那些送往巷南的咖啡。为了这个男孩，她毅然放弃了清华梦，去了毫无四季之别的昆明。她说，她是一只红嘴海鸥，无论如何，她都必须飞回昆明。因为在那条开满洋槐花的巷子里，有一扇窗户正等着她，这扇窗户，名叫一杯咖啡。

　　温热的风暴在我的双眼里呼啸肆虐，我给这篇日志的主人发了邮件，问她，为什么所有北京的中学，都没有她的名字。

　　她给我回复了一张鬼脸，真傻，没看我的户籍是青岛吗？高考当然要被打回生源地啦！

　　许久之后，她发现异样，给我传来了她的电话号码。我刚拨通，她在那头就哭了，一杯咖啡，你的脚还疼吗？

　　我笑着问她，马小姗，如果我为你做了一只离家北上的海鸥，那么，你愿不愿为我做一片静默等待的滇池？

　　一杯咖啡，我答应你，每年春天，我都会平平安安地飞回去。

选自《语文报》2014 年第 3 期

　　四张机，鸳鸯织就欲双飞。这就是爱情本来的样子，尽管曲折，尽管经历那么多场的错过与相遇，最终却依然可以走到一起。原来，有情人终成眷属，是那么难的一件事！

孩子，我们的白发与你无关

文 / 孙道荣

慈孝之心，人皆有之。

——苏辙

读大学的儿子，发了一条微博。

儿子在微博上说，元旦回家，吃过晚饭，陪妈妈在小区里散步，走在妈妈身边，猛然发现妈妈已经有了好多白发。那一刻，心中骤然充满了悲凉和歉疚。

儿子说，妈妈忽然就老了，真的老了，妈妈太辛苦了，为自己操碎了心，而自己却一直不懂事。前不久，还为了一件小事，和妈妈在电话里闹得很不愉快。儿子自我反省，真是太不孝顺了，今后，一定要改正云云。

我和妻子一起，读了儿子的这条微博，妻子看着看着，泪眼婆娑。和天下的父母一样，我们对孩子的要求，其实很简单，哪怕他什么也不做，只要嘴巴甜一点，我们都会感动，满足得一塌糊涂。

儿子已经长大成人了，他能认识到我们为他的付出，我当然也很开心。不过，儿子，我还是想跟你说，我必须要告诉你，我们的白发，其实与你无关，你不必为此愧疚，惶惶不安。

差不多从三十几岁开始，你妈妈就有了第一根白头发。那时候，你还很小，刚上小学吧。是你第一个发现了妈妈的白发，并将它写进了你的第一篇作文中。很多孩子的第一篇作文，都是写妈妈的白发。你在作文里写道，妈妈的白头发，让你很心疼，你一定要好好学习，报答妈妈。就因为妈妈的白头发，你好像一下子长大了许多。妈妈看了你的作文，流下了眼泪。

但是，孩子，妈妈的头发，不是因为你才白的。小时候，你很调皮，不大听话，出了不少纰漏，我们确实为你操了很多心，付出了很多。但这是天底下所有的父母都会做的。照顾你，教育你，本来就是我们的应尽之责。所以，那一次，我表扬了你的作文，同时也告诉你，不要因为妈妈或者爸爸的白头发而自责，那与你无关。我们不会因为你淘气，或者学习成绩不好，而冒出白发。告诉你这个，是不希望你小小年纪，就背负着沉重的心灵负担。

妈妈爱美，第一根白头发拔掉了，第二根也拔掉了……但是，这几年，妈妈的白头发，越来越多了，已经无法一一拔除了，甚至连染发剂也不能将它们很好地掩盖。与同龄人相比，妈妈的白头发似乎更多一点，除了遗传因素外，最大的原因，恐怕还是岁月的力量。有一天，我们终将满头白发，如霜如雪，这不必大惊小怪，也用不着难过。

不但我们的头发会越来越花白，更多衰老的迹象，都会逐一呈现。

从前年开始，我的眼睛已经老花了，以前戴的是近视眼镜，现在看手机，必须要摘下眼镜才能看清楚，看报纸也要拿得远远的。用不了多久，我不得不准备两副眼镜，一副是近视眼镜，看远的；一副是老花眼镜，看近的。你妈妈的眼睛要好一点，但也开始有了老视的征兆。

小的时候，你老喜欢和我比身高。自从17岁那年，你的身高超过了我，你就再也不跟我比了。现在，你比我高出足足5厘米。儿子，很快你会发现，你还会比我更高。不是因为你还在长身高，而是因为我在萎缩。上次体检，我的身高比以前竟然矮了1厘米。

没错，我的骨头萎缩了，背有点驼了，脖子也老喜欢往里缩，脑袋也习惯性地往下耷拉着。再过若干年，我会蜷缩成一团，像你印象里的爷爷一样。至于你妈妈，她也会成为一个佝偻着腰的老妖婆的样子。

我们的眼睛会越来越混浊，再也没有往日的神采；双手会越来越粗糙，跟树皮一样；牙齿会一颗颗松懈掉落，嘴巴会变得干瘪；忘性会越来越大，刚说的事，转头就忘了；废话却越来越多，一件小事，要唠叨无数遍；更要命的是，我们的脾气会变得越来越古怪，一点点小事，就会让我们觉得惶恐无助，或者黯然神伤……

孩子，和你啰里啰唆说这些，是想告诉你，就像我们头上越来越多的白发一样，衰老，将不可避免地降临到你的父母身上。而无论是白发，还是佝偻的腰、混浊的眼、无力的腿脚，都与你无关，不是你造成的。它们只是岁月的果实，自然的规律。

你不必为此自责，甚至不必为此难过。我尤其想说的是，千万不要是因为看到了我们的白发，或者我们苍老的背影，或者我们生病的消息，而心生悲悯，才突然想起我们。那会让我们觉得，如果我们不是白发苍苍，或者生病住院，你差不多已经忘记我们了。

有一件事是与你有关的，也是你可以做到的，那就是经常回来看望我们，和我们说说话，陪你妈妈散散步。不需要任何理由和借口，就因为我们是你的父母，是你最亲的人，时刻在记挂你的人。

选自《做人与处世》2014 年第 7 期

还有什么比父母心中蕴藏着的情感更为神圣的呢？父母的心，是最仁慈的法官，是最贴心的朋友，是爱的太阳，它的光焰照耀并温暖着我们的心灵！

等你三分钟

文 / 侯拥华

抛弃时间的人，时间也抛弃他。

——莎士比亚

男人和儿子在一起，有一句口头禅：等你三分钟。

每次男人说完，儿子都是一副不屑一顾的样子。儿子斜瞥着眼，剜男人一眼，气哼哼地说，老爸，就等三分钟，五分钟不行吗？男人听了，先皱皱眉头，然后微笑着，很坚决地摇了摇头。

开始的时候，儿子把男人这句话当作耳旁风，后来就知道不行了。有一次，男人到学校接儿子放学回家，儿子下楼后发现作业本忘带了，转身上楼去取。男人望着儿子慢悠悠的背影高声喊，我等你三分钟，快点下来啊。儿子并不理会他，仍慢吞吞的，等儿子再次出现在楼下的时候，男人已经不见了，当然是超时了。儿子蹲下身子号啕大哭起来，自此，儿子开始把男人的那句口头禅当作金科玉律，严加遵守。

其实，在男人看来，这样的要求有些苛刻，甚至有些不近人情，但男人仍然坚持这样做。当然更多的时候，男人把它看作是一个模糊而积极的行为准则。比如，一份工作，别人需要五天做完，在男人看来，努力做只需要三天，当然就三天啦。男人坚守的是他内心认为的那个时间。为此，

　　—— 演好自己的角色 ——

男人在公司升迁极快，很快成了大家公认的学习榜样。

父亲做得好，儿子当然也要跟着学。可是，儿子始终不理解父亲，也曾问过为什么，可男人始终笑而不答。儿子就去问母亲，搂着母亲的脖子摇呀晃呀地撒娇。

母亲听了只是淡然一笑，我认识他的时候他就这样子，没什么理由，也没什么故事。儿子当然不满意母亲的回答，问得多了，母亲才告诉儿子一些关于男人别的故事：据说，之前男人和几个姑娘谈对象，因为某些原因莫名其妙地分手了。

难道老爸是情感上受了刺激？儿子听了母亲的话更加好奇了，眼珠一转，咂吧咂吧嘴巴，撇开母亲暗自嘀咕，老爸，可真是一个怪人。没事儿的时候，儿子就偷偷琢磨老爸那句口头禅的深意，渐渐也悟出几分做人的道理，结果学业喜人。但是，儿子始终认为，这句话背后一定有一个动人的故事。

儿子18岁那年，有一天，男人告诉儿子要带他坐火车远行，儿子听了欣喜若狂。那天，男人带儿子坐火车来到一个偏僻小镇。下了火车，站在一个小站的入口处，望着轰然驶去的火车，男人对儿子深情地讲述起来。

男人说40年前，一个男孩随父亲坐火车去远方看望一位亲戚。火车行至中途，他忽然想大便。那天，父亲皱着眉头用手指了指火车上的卫生间，对他说去那里解决就行。可他蹲在那里，半个小时过去了愣是没拉出来。

从里面出来的时候，他脸红红的，沮丧极了，哭丧着脸对父亲说，在野地里拉习惯了，在这里拉不出来。父亲看了看他，跺了一下脚，拉着他的手急匆匆去找乘务员。一个女乘务员接待了他们，告诉他们，再过十分钟，火车要在前方一个小站停五分钟，到时候，就在那里下去解决吧。父子听了十分高兴。

十分钟过后，火车果然在一个小站停了下来。其实，那称不上小站，不过是荒野里的一个小路口而已。火车一停下，几名背旅行包的旅客就排在车门口，拼命往上挤。父亲看着，着急得直瞪眼睛，抱着他从车窗口直接丢出来了。一边丢他，一边冲他大声说："火车只停五分钟，我等你三分钟，拉完了赶快回来啊！"

那一刻，他早已憋不住了，哪还顾得上应一声，一着地就飞快地跑下铁道，闪身钻进玉米地里。刚脱下裤子，他不自觉地回望了一眼，结果便看见火车车窗口一张男人的脸——咧着嘴，不怀好意地冲他笑。他的脸腾地就红了，提上裤子，拼命往玉米地深处钻。那天，他跑了很远才停下来，转回头，发现看不见人影了，才又蹲下身子。

恰在此时，一声长长的火车鸣笛声，从远方传来，然后就是火车咔嚓咔嚓，咔嚓咔嚓，咔嚓咔嚓的奔跑声——火车已经出发了。

爸爸，等我！爸爸，等我……

他急得哭喊起来，可是，始终听不到父亲的回应声——那一刻，父亲的呼喊声被火车震耳欲聋的奔跑声结淹没了。

后来，男孩被当地一户人家收养了。15岁那年，按照童年的模糊记忆，他偷偷跑出来，坐上一列火车去寻找自己的亲生父母，可是一下火车，他就傻眼了——茫然四顾，他不知道该去何方。那次，他灰溜溜地坐火车原路返回，回到家后，挨了养父养母一顿臭骂。20岁那年，他利用大学一整个暑假的时间重新出发，经过一番周折，终于找到了生养自己的小村庄。

一切都已物是人非。

大雨倾盆的午后，他站在一座破败的土房子前面，失声痛哭。泪水和着雨水，将他的心浇得冰凉冰凉。听村里老人讲，父亲将他丢失那年，也曾多次沿途寻找，可都一无所获。不久，父亲就抑郁而死了，而母亲则另

— 演好自己的角·色 —

嫁远方。

讲到这里的时候，男人揪着自己的头发泣不成声。男人说，等你三分钟，就是三分钟，你为什么就不遵守呢？为什么呢？……

选自《小小说月刊》2014 年第 3 期

但丁说一个人越知道时间的价值，就越倍觉失去时间的痛苦。父亲小时候并不理解时间的意义，火车开走与爷爷永别的痛苦经历，让他明白了时间究竟是什么。

花开两朵，未必天各一方

文 / 林轩

友谊之光像磷火，当四周漆黑之际最为显露。

——克伦威尔

一

我是知道许丽丽的，而且我知道，她也知道我。

我们是高一的新生中风头正劲的两个女生，因为第一次的期中考试，我们俩并列排名年级第一。许丽丽在一班，我在四班，同一个楼层，中间隔了两个教室。

彼时，我们都是各自班主任的宠儿，也是同一位数学老师和英语老师的宠儿。在四班的课堂上，我时常能从他们的口中听到许丽丽的名字，而在一班，相熟的同学告诉我，也曾多次听到我的名字。可是我和许丽丽，却一直谁都不认识谁。

优秀的女孩子总是骄傲的，其实有很多次，我与许丽丽都有相见的机会，比如在食堂，比如在操场。只是每每听到身边的人在耳边说"看，许丽丽"的时候，我总是高傲地别过身去。我想，她亦如此。

我们表面漠不关心，其实暗地里一直在较劲。每个月的月考，倘若她的英语是第一名，那我的数学分数一定高过她。我们相互在第一名与第二名之间徘徊，分数的相差永远不会超过 5 分。

可过程是，我必须牺牲掉所有的休息时间用来努力，再努力地学习。其实，我很累，我不知道她是不是也这样。

二

黄雅婷说，许丽丽很漂亮。

我看着镜子里自己那张不算惊艳但足够清雅的脸庞，悄悄地撇了撇嘴。

可是当我第一眼看到许丽丽时，才终于明白黄雅婷所言不虚。

那是分班后的第一个下午，我抱着重重的书包从四班走到二班，而她在我刚刚坐下来的时候亦背着大大的书包走了进来。

黄雅婷悄悄地在我耳边说："那就是许丽丽。"

我从一堆杂乱的书本中抬起头，那是一个有着清瘦脸庞的姑娘，细细的眉眼仿若从红楼梦中走出来的女子，既古典又文艺。那一刻，我听到嫉妒的声音在心里响起。

她坐下来，与同桌耳语几句之后，眼神亦向我飘来。四目相对时，我知道我们棋逢对手了。

上课了，班主任笑眯眯的眼神在我和她之间徘徊，仿若我们两个是上天对他的恩赐。许丽丽坐在二排中间靠南一点，我在三排中间靠北一点。中间隔着三个人，一前一后的距离，可是我们依然陌生，高傲却又暗暗地较劲。

在青春这一场盛典中，我们谁也不想输给谁。

三

其实，我和许丽丽很像。我想如果我们不是以这样的方式相遇，一定会成为很好的朋友。

黄雅婷说，我和许丽丽就像是一朵双生花，能够从对方的身上看到自己的影子。一样的从骨子里透出的骄傲，不同风格却一样漂亮的脸庞，而且都很聪明。但是我知道，我们还是有不一样的地方，比如她虽然高傲，但性格开朗，有着极好的人缘；我却沉默内敛，从不愿意让别人走进我的心里。

从高一的遥遥相望到现在的近在咫尺，我们的距离看似在一步步地走近，实则仍旧在原地踏步。也许因为两个人都不知道该如何为我们两人的交往设置一个良好的开端，而且那份骄傲也促使我们谁也不愿意主动。

高二下半学期，市里要举办奥林匹克数学竞赛，可是分到一中的名额只有一个。

这场竞赛，是我盼望已久的，因为只要参赛就能为以后保送重点大学加分。这对于我们两个人来说，都是一个极好的机会。那段时间，我时常看到班主任看着我们俩皱眉，在各科成绩几乎不分伯仲的我和许丽丽之间纠结。

后来，我几乎将所有的课余时间都扑在了数学上，可是仍旧感觉到老师的态度在向许丽丽偏移。我如同热锅上的蚂蚁，却左右不了事态的发展。

四

一天中午，我在传达室门前走过时被一个男生叫住，我疑惑地转过身，看到一个面容清秀的男孩儿站在我的前面。"不好意思，请问，你知道许丽丽在哪个班吗？"

"是高二的许丽丽吗？"我说。

"是的，你认识她吗？"

我点点头："我们是一个班的，你找她有事吗？"

"真的吗？那太好了，我有个东西要转交给她，能麻烦你带我去找她吗？"

我看了看他手里的包裹，再次点了点头。

回教室的路上，我好奇地打量着这个男生，心里揣测着他和许丽丽的关系。许是禁不住我的打量，他忽然红了脸："呃，我和许丽丽只是初中同学。"

"噢，是吗？"我应了一声，不禁觉得好笑起来。这可真是个敏感的男生，竟然还特意向我解释这个问题。可就在那一刻，电光火石间，我看着眼前的男生，心忍不住怦怦乱跳起来。然后，一个大胆的计划在心里悄悄地成形了。

那天下午第一节课，是班主任的地理课。路上，我故意走得极慢，尽量拖延着时间。直到距离上课还有十分钟的时候，才磨磨蹭蹭地将男生领到教室外的走廊处。然后走到门口大声喊了一句："许丽丽，有人找。"

听到我的声音，正在看书的她诧异地抬起头，当看到外面等待的男生后，她慌慌张张地跑了出去。

随后的几分钟里，有好事的同学趴在窗口，看到了许丽丽在与那个男生小声地讨论着什么，又看到男生在将包裹递给她之后又从兜里掏出一个粉红色的信封交给了她。而这一切，自然也没逃过习惯提前五分钟走进教室的班主任的眼睛。

因为这件事，许丽丽早恋的传闻不胫而走。

尽管她一再解释是她的好朋友托另一位同学捎礼物给她，可她还是成了各位老师的座上客。那段时间，开朗的许丽丽像变了一个人，一下子憔悴了很多，而且成绩也略有下滑。

结果可想而知，我成了最大的受益者。

可是当班主任宣布这个消息之后，我却没有感到一点点的高兴。这场并不光彩得来的机会，使我再没有勇气直视许丽丽的眼睛。其实在看到其他同学小声地议论她的时候，愧疚与后悔已经不停地在我心里翻滚了，可是我没有勇气站出来澄清这一切。

五

我去参加竞赛的那天，全班同学跟我告别。我以为许丽丽会伤心得不理我，可是当我走到她的面前时，她却笑着真诚地祝福我。我看着她的一脸明媚，越发觉得自惭形秽。

那场竞赛，我没有让学校失望，只是当我在考场上奋笔疾书的时候，脑子里闪现的一直是许丽丽的脸庞，被误解时憔悴的神情，以及送行时那张明媚的笑脸。我知道，我不可以再继续错下去了。

回来后的第一件事，我找到了许丽丽。晚自习后的操场上，我将手中的获奖证书放到了她的手上，发自内心地对她说："对不起。"

聪明的许丽丽已不需要我再解释什么，她笑了笑："其实我一直都知道。"

"那为什么一直没有揭发我？"

她将证书放回我的手中："因为我们是一朵双生花呀，不论是谁去，都是我们两个人的骄傲。"

我笑着拥抱她，眼角却溢满了泪水。许丽丽，谢谢你对我的宽容，保全了青春里我脆弱的尊严。

谁说花开两朵就一定要天各一方，我和许丽丽一定可以一直在一起。

选自《语文周报》2014年第35期

在青春的沼泽里，我们难免会相遇。其实有什么不好呢？互助互爱，共同进退，没有什么比友谊更可贵。

让友情穿越一个迷茫冬季

　　那段日子，我总会做梦，梦见姐姐，她带着我玩滑滑梯，教我唱歌。在我们玩得正欢时，突然一阵大风吹来，姐姐就不见了，找不到姐姐，我害怕得直哭。梦醒后我才发现，早已泪湿枕巾。窗外月光如水，我起身站在窗前，望着苍茫的夜空，心空荡荡的，像洗涤后的沙滩。

林露露，你就是童话里那个天使

文 / 玉玲珑

遇见你们，是我最美丽的意外。

——佚名

一

"林露露，你剪头发了啊？为什么啊？你好不容易才留起来的，整天跟宝贝似的伺候着，怎么突然说剪就剪了啊？"林露露刚走进教室，同桌晓宇就"飞"到她旁边，望着她的头发惊呼着。

"我也不知道是谁剪掉了我的头发……"林露露一脸委屈，眼泪跟着就下来了。

"啥？你也不知道是谁剪掉你头发的？！那？怎么剪掉你头发的啊？！"晓宇一脸惊恐状。

"我不知道就是不知道……"林露露的眼泪落满了腮。

要说林露露的头发，那可是她的宝贝，自打上幼儿园起，她就没剪过头发。她那一头乌黑的秀发不知令多少人羡慕，垂下来，一直到腰间，柔顺飘逸，比电视里洗发水广告上的明星还漂亮。

现在可好，只到肩膀下，扎起来就像把小刷子。林露露说她觉得头轻得都像要飘起来。

班主任小李老师走了进来，身后是林露露的爸爸，两个人都表情严肃，

— 演好自己的角色 —

脸上布满了暴风雨来临前的乌云。整个班级立刻安静下来，谁稍稍大点声呼吸都能听见。

"昨天下午放学的时候，是谁和林露露同学一起走的，或者谁看见有谁在背后对林露露同学做过异常的举动没有？"班里鸦雀无声。小李老师的目光扫过每一个同学的脸，没发现异常，都沉稳冷静，没有惶恐。

"小李老师，也许不是同班同学干的，那就不耽误同学们上课了。"林露露的爸爸转身走出教室，小李老师也跟了出去。

教室里一下子炸开了锅，目光全聚焦到林露露的身上。林露露趴在桌子上，把头埋在两只胳膊中间，嘤嘤哭泣。同学们都为她的头发离奇被剪唏嘘不已，这时教地理的孙老师走进了教室。

"这次考试有几个同学进步了，也有几个同学退步很多，特别是林露露同学，竟然从前10名跌倒了第47名。女孩子嘛，爱美是可以理解的，但不能忘了学习才好，要不就真成了'头发长见识短'了。"孙老师的话一落地，全班就哄堂大笑，目光再一次聚集到了林露露的身上。

二

第二天，林露露的头发又短了一截，她依然不知道是谁用什么方法给她剪掉的。这个消息无异于一个重型炸弹，把初二整个年级炸得沸沸扬扬，连整个学校都陷入一片猜测、不解和恐慌之中。

下午放学，林露露觉得背后有人跟踪，她猛然回过头，甩起书包就朝那人脸上打去。

"哎呀，别打了，是我！"林露露停下来，这才发现是同学方舟。方舟是班里出名的差生，是林露露的"帮扶对象"。

"我想送你回家，怕有人再剪你的头发，再剪你就成假小子了。"方舟吐了一下舌头。

"方舟，你觉得我以前的长发好看，还是现在的短发好看？"

"都好看，长发看着文静、淑女，短发看着精神、利索。"

"方舟，你觉得学习是很枯燥的事吗？"

"也不是，我就是脑子笨，我也想学好，上课我也好好听来着，可就是学不会。妈妈也说我脑子不灵光，还说我要是考不上重点高中，就让我去乡下当泥瓦匠，唉，分，分，学生的命根啊。"

他们俩一路走，一路聊。

"方舟，我告诉你个秘密，你不要告诉任何人好吗？"

"什么秘密？"

"其实，"林露露顿了顿，有点犹豫的样子，"其实头发是我自己剪的。"

"啊？！"方舟瞪大了眼睛。

"其实，我是为了你才剪头发的。"林露露一双大眼睛看着方舟。

"为了我？你没有开玩笑吧？"

"是真的。你看咱们俩结对子都快一年了，你的学习成绩一直上不来，我也不知道咱们俩谁有问题。这次摸底考试你依然还是倒数，我着急啊，说实话，我有点想打退堂鼓了。我想找老师再另外给你找个对子，但我又不想放弃。为了给自己鼓劲，我就剪掉了自己的头发，对自己说：'林露露，你连最宝贝的头发都有决心剪掉，难道还没有决心帮方舟搞好学习吗？'我知道你并不笨，只是你不够用心……"

方舟听着林露露的话，惊讶得嘴巴张得老大。

"另外，这次我名次掉到了后几名也是我故意的，我想和你站在一个起跑线上，这样你就不会觉得咱俩差距大了。"林露露很认真地看着方舟。

方舟先是惊讶，继而有些感动了，他没有想到林露露如此真诚、如此绞尽脑汁地帮助自己。他是个那么差劲的孩子，上课睡觉、放学去网吧，没有谁在乎和关心他。"嗯，我今后一定好好学习，和林露露'好汉剖腹来相见'。"

三

初二的紧张度，一点也不亚于高二，甚至比高二还要让人感觉"亚历山大"。各类考试、测验渐渐多起来。

"方舟，你看，这次英语考试你得了 90 分呢，这可是开天辟地头一回啊，肯定不是你的真实水平。说，是不是考试的时候抄谁的了？"英语课代表陈晨用怀疑的眼光看着方舟。

"这有什么啊，这学期期末我能考个满堂红，你们信不信？"方舟接过卷子说。

这个"新闻"不亚于林露露离奇被剪掉的头发，整个班级的学生为方舟的"大言不惭""不知天高地厚"连连惊呼。只有林露露不露声色，在暗暗地笑。

方舟没有能兑现他考个"满堂红"的诺言，最有希望得高分的物理他居然只考了 62 分。同学惊奇地发现，林露露的头发又短了，成了一个"假小子"。同学们都在猜测、怀疑，而方舟，嘴角露出了一丝浅笑。

"林露露，是不是我下次考不好，你就把自己剃成光头啊？"回家路上，方舟说。

"是，你要是再考不好，我就真的剃成光头……"林露露早就做了仔细的调查，方舟虽然调皮、顽抗，但他心地很善良，最怕别人为了他受委屈，所以她才敢这样"狠心"地对待自己。听了林露露的话，方舟的眼睛瞪得都要脱窗了。

接下来的考试，方舟真的考了满堂红。

学校一直在调查林露露头发离奇被剪的事件，最后锁定了目标，居然是方舟！因为只有他和林露露接触比较多。

林露露听说方舟成了怀疑对象，赶紧找班主任替方舟洗脱罪名。"那你说是谁剪掉了你的头发，这案子不破，影响多坏啊。"班主任苦口婆心。

"老师，我告诉你吧，是天使剪掉了我的头发。她说只要我剪掉头发，方舟的学习成绩就能上来了，你看，天使没有骗人。"

老师先是莫名其妙地看着林露露，然后笑了："对，是天使剪掉了你的头发。"

方舟看着林露露假小子一样的短发，在心底由衷地说："谢谢你，林露露，你就是童话里的那个天使。"

选自《考试报》2015 年第 6 期

> 年少时期的友谊是单纯的，没有利益，没有情爱，只是为了对方好，就可以放弃自己的东西，哪怕是心爱的东西。

让友情穿越一个迷茫冬季

文 / 杨宝妹

为了找到一个好朋友，走多远的路也没关系。

——托尔斯泰

秋

物理课上，正当我被玄妙至极的相对论吸引得忘乎所以时，辛小歌忽然猛拍我的肩膀："小子，你有没有想过一个问题？这可是很多学者都容易忽视的一个问题！"

辛小歌故作高深的模样，让我产生了好奇："你说，哪个问题？""傻啊，当然是关于这些伟人的爱情问题啦。譬如，举一个最简单的例子，你知道爱因斯坦最喜欢的人是谁吗？"辛小歌这个绝对八卦的问题，真把我给难住了。

辛小歌得意至极，在课后挨个同学地询问，所有人眉头紧蹙，都不知道这伟大人物最喜欢的人到底是谁。辛小歌在一片嚷嚷声中道出了答案："爱因斯坦，爱因斯坦，那他最喜欢的人一定是因斯坦啦！人家都在名字里告诉你们他最喜欢的人是因斯坦了，你们还问，真笨！"

结果，自以为聪明绝顶的辛小歌被全班同学冷落了整整一下午。她在后面一个劲儿念叨："小子，你也不理大姐了吗？我可是比窦娥还冤啊！"

辛小歌的乐观情绪已经到了无以复加的地步，每次恶作剧后，不管我们如何攻击她，冷落她，甚至是侮辱她，都无济于事。她总是咧着嘴巴，像拍牙膏广告的那些明星一样，露出一排洁白的牙齿，嬉笑着说："来吧，来吧，高尔基都说了，让暴风雨来得更猛烈些吧！"

不过，近些日子里，辛小歌似乎变成了另外一人。她很少说话，耷拉着脑袋，偶尔碰到老师提问也是心不在焉。就算讲到爱迪生，她也不再兴奋异常地问我爱迪生最爱的人到底是谁？我心里犯了嘀咕，辛小歌的乐天情绪是不是也已经进入了落叶飘零的秋季？

傍晚放学，我骑自行车跟在辛小歌身后，一遍又一遍地问她："小歌同学啊，我作为全班少先队员的代表来问你，最近到底发生了什么事儿？"

辛小歌不理我，把自行车蹬得呜呜作响。街道上车水马龙，人潮汹涌，我不敢再招惹她。万一她撞上了车有个三长两短的话，那我剩下的这几十年就得由寒窗苦读换成铁窗含泪了。

"辛小歌，你慢点儿，我决定不追你了！"任凭我把嗓子喊哑，辛小歌也没有半点减速的意思。斑马线上的同学齐齐回头看我："你何时喜欢上辛小歌的？你可真够勇敢的！大街上也能这么直白？"

我差点喷血，辛小歌啊辛小歌，我的万世英名，就这么让你给葬送了。

冬

关于我在马路上狂追辛小歌的传言，终于在第一场冬雪后得以平息。

谣言不但泛滥得神乎其神，还添加了不少韩剧的情节。同桌一本正经地问我："小子，真看不出来啊，你受外国思想的毒害这么严重！"

面对这样的传闻，我和辛小歌都已经习惯了沉默。起初，兴许我会打趣地说："哪里，哪里，绝对是狗仔队的绯闻，稍后我的经纪人会替我澄清的！"可后来，我再不会这样了，因为我发现，以玩笑对待传言，犹如火上浇油。

更让人难以想象的是，一向英明神武的班主任，竟然对这样不着边际的传闻起了疑心，先后找我和辛小歌谈了几次话，语重心长地说："你们两个啊，平时得注意自己的言行，既然是班委，就得做好表率嘛！"

我欲哭无泪。最让我惋惜的是，辛小歌为了平息流言，竟然放弃了我和她的纯真友谊。她在我的外语课本里夹了一张惨白的纸条，上面赫然写着："以后咱们还是不要说话了吧，我不想再让其他同学误会！想想，你成绩那么差，我怎么可能喜欢你？"

辛小歌以近视为由调到了前排，我与她的友谊，如同这个季节的温度一般，直线下降。兴许，我该更为绝决一点，用以彼之道还施彼身的方法给辛小歌写去一张纸条，郑重其事地告诉她："我也不可能喜欢上你这个刁蛮任性的丑八怪！"

我始终没有那样做，不论怎样，我都尊重我和辛小歌曾经的那份友谊。即便，我们从此再不能做朋友，我还是希望她能一如从前地开朗。

辛小歌坐进了教室里的黄金地段，周围不是科代表就是老师的重点培养对象。她是该坐进这样的位置的，她成绩那么优秀，且努力上进，怎么能坐到一个名次倒数的男生后面呢？

我开始有些懊恼，为辛小歌的世俗，但这又能怎样？

春

刚开学，我便收到了一张莫名的纸条。淡蓝的笔迹，字体俨然是辛小歌的风格："你注定一辈子都只能倒数！窝囊废！"

虽然，这张纸条上没有明文写着我的名字，但我确定这张纸条绝对是辛小歌给我的。我眼里蓄着委屈的热泪，努力睁大了眼睛，不让它们掉落出来。此刻，辛小歌正在前排人才济济的战营里谈笑风生，眉宇间充满了趾高气昂。

我开始了昏天黑地的苦读。我想，在过期的友谊和受损的尊严之间，我该做一次重大的抉择，我选了后者。至少，我不想让所有"人才战营"里的成员们看扁。

在这个万物复苏的时节，我的名次如同风中春笋般，细致而又艰难地向上攀沿。我习惯了晚睡早起的生活，习惯了题海战术，甚至习惯了周围一切堕落同学的冷嘲热讽。我心里聚集着一团愈渐热烈的火，似乎只有这种一刻不息的奔跑才能让它获得片刻解脱。

周考，月考，期中考，我亲眼看着自己的名字，一点一点地向着辛小歌的名字浮动。我买了许多习题册，没日没夜地在草稿上演练。我的目的很简单：我只想有一天，辛小歌恭敬地捧着一道无法解开的题目前来找我，那么，我便可以痛痛快快地对她说上一句："这种题目你都不会解？你真是个窝囊废！"

事实上，直到我的名字越过辛小歌的肩头，她都不曾主动跟我说过半句话。我的课桌里堆满了年级颁发的奖品，我有些忧伤，如果是去年夏天，辛小歌一定会不由分说强盗似的将它们掳去大半。而现在，我们早已各自丧失了这种分享快乐的能力。

春末的清晨，当我打开外语课本朗读时，从翻飞的书页里忽然掉出一张喜庆的贺卡。贺卡上，依旧是淡蓝的笔迹："小子，生日快乐！你中计了！"

我恍然大悟，原来辛小歌一直记得我的生日，一直在不远处默默地注视着我。

当辛小歌在街上冲着我大喊"小子慢点儿，我决定不再追你"的时候，我忽然有种措手不及的感动。身后，辛小歌正在急急赶来，我分明看到，有一滴名叫友情的热泪，正轰隆隆地穿过了迷茫的冬季……

选自《情感读本·道德篇》2011 年第 11 期

> 我仍然会不可抑制地想起那些男生女生，清晰的面庞，暖暖的笑，那是贯穿我青春记忆里最生动的回想。我甚至觉得，他们就是世上最好的男人女人了……

夜幕笼罩下的青春

文 / 木易

毅力是永久的享受。

——布莱克

　　高一的时候，我们组织了一场秋游活动，为了更好地筹划和开展，班长派了时任学委的我和其他三个班委去踩点，时间选在了秋游的头天晚上。

　　如今回忆起来，仿佛有一种重走青春的感觉。

　　踩点前我们打听过有一个阳逻江滩，但不知道怎么走，于是一路问村民，一路靠感觉判断方向，而后来证明，这两点都不靠谱。

　　我们骑着车在乡间的马路上飞驰，看到路两端拉成长线的灯忽暗忽明，将我们的影子有节奏地变得时而长时而短。那时的我感觉，在迎面吹来的每一阵风里，都能闻到一股欢快的味道。欢笑并不是很大声的我们，在如此安静但不知道是否祥和的夜里，轻笑也是如此空明，真有一种身处世外的感觉。

　　偶尔遇到红绿灯，会碰到几辆外地的宝马，车主显然为我们的身份好奇，会欣然地摇下车窗望上几眼。我们也毫不示弱，摆出神气的表情，吹着口哨，然后惬意地扬长而去。我想车主当然明白，那几个蟊贼在为自己欢呼雀跃，为花样年华喝彩。

　　但我们还来不及嘚瑟多久，很快便发现我们迷路了，四个学生，大半晚上，在真正的荒郊野外迷路了，想象起来都有些害怕的，更别说是身临其境。

那时我们开始找出路，不管是回家的路还是去江滩的路。你会发现，走投无路时，下一个路口永远都充满了欣喜与希望。

但好在我们头脑偶尔会清醒一会儿，不至于靠划拳来决定下一步怎么走。我们会在似曾相识的建筑下猜测学校的方位，然后朝着这个方向前进。

没过多久，月亮出来了，月光洒在我们每一个人的脸上，身上，甚至是鞋子留下的脚印上。这让我们在赶路的同时，渐渐能够踏实地看清彼此，能够默默为对方鼓劲。我们都清楚地知道，不管前方有什么，是否到了有转机的时刻，只要走，就有希望。

而正当我们四处摸索时，我接到了一个电话，是一个军训时和我一起的病号打来的，他叫焦强，问我：

"你在哪儿？在干吗？"

我突然感到像抓到一串火一样的温暖，我回答："我也不知道这是哪儿，我在找江滩，但是迷路了。"

"啊？你在江滩？"

"没，在找江滩，途中迷路了。"

"怎么那么巧？我们也在江滩，烧着火，正想叫你过来一起玩。"

对呀，怎么这么巧？本就欣喜若狂的我顿时又有了热泪盈眶的冲动。如此黑暗之夜，前路迷惘之时，突然知道正要到达的远方有一堆篝火在召唤我，而火堆旁坐着一群我亲爱的朋友们。这种感觉就像土地正在召唤生活在里面的人们一样，我顿时忘记了要接着说话。

"你看到火了没有？"

"没有！"

"那我叫你看你能不能听到。"

……

"我好像听到了，但是是在手机里。"

"那你先把手机挂了。"

我挂了电话，周遭一片寂静，并没有听到有人在喊我，只是偶尔传来几声狗吠。

电话很快又打来了："喂，你听到没有，我刚喊了好几声？"

"没有听到。"

我又看了一下四周，说："你说你在哪个方位吧，那个大烟囱你看到没有？"

"看到了，有三个。"

"嗯，是三个，我面对月亮，中间那个烟囱在我的右手边大约45度。"

"我面对月亮，中间那个烟囱在我的正右手边。"

我们都不知道该怎么用钟点的方式来确定位置，在稀里糊涂的并且还不愿意承认自己方向感极差的神奇描述中，对了错，错了对。因而出现一幅这样的场景，在一座大城市的荒野郊区里，有一群人，在茫茫黑夜中寻找彼此。

当时的我怎么都觉得屈原的这句话说得深刻：路漫漫其修远兮，吾将上下而求索。

我们很快发现前面是一条泥路，并且还有大卡车刚驶过留下的旋涡状的轮胎印，在月光的照耀下，这些辙痕格外清晰。我从身边人的尖叫声中看出，这样的清晰吓到了我们每一个人。

正当我们为眼前的场景惊讶时，远方的丛林里依稀传来了一声叫喊，尽管隐隐约约，但仍然极好辨认，没错，是他们，他们就在前方。而不知不觉中发现，我们竟然离目的地如此之近了。我们高兴万分，决定脱了鞋袜，推着车，向那个有声的远方前进。

如果这条路是简单的沼泽地也就算了，大不了弄脏了回家洗衣服，但远没有想到的是淤泥下面全是沙石，并且棱角分明。踩得我们一个个惨叫不停，那声音在夜里比狗吠声还大，穿透了整片丛林。

突然前方有一道光闪过，走近两位老人，才发现我们吵醒了路边酣睡的村民。

老人很不解地问："你们是不是隔壁学校的学生？"

看老人没有怪罪我们，反而很是和气的样子，我们说："是的，但我们迷路了。"

"难怪……学校就在前面了，你们大晚上也怪大胆的，我看你们大叫还以为你们出事了。"

"大爷，我们现在知道路了，没事了，不好意思，打扰您二老了。"

"没事就好，那你们赶紧回去。"

随后听到一阵门被反锁的声音，在两位老人的嘀咕声中，灯光也灭了。我感觉到陡然而来的黑暗感格外强烈，让我顿时完全看不到周围的一切，但是我知道那一刻的我们心里早已灯火通明，足够照亮脚下的路。

当我们与焦强会合，已经疲惫不堪时，我多想说一句"好辛苦啊"，但发现焦强却早已满头大汗，并且嗓音发颤。于是，疲惫中，我又多了几分温暖与激动。最后，会合的我们牵着手，高歌着，走上一条长长的尚未开通的石桥，看到桥下江水悠悠，悠着漫漫长夜，悠着青春峥嵘。

每当我回想起这段走夜路的经历时，我都会想，人生的路何尝不是如此？面对梦想，我们每个人亦应该这样投入。

选自《语文报》2014 年第 33 期

> 每个人都曾有过一段黑暗且无助的日子，那时候没有人陪，只有自己咀嚼着一切。也正是因为这些日子，我们才有今天的乐观和坚强。

为自己喝彩的女孩

文 / 罗光太

天生我才必有用。

——李白

一

刚上初中不久，就进行了一次大规模的摸底考试。

我没想到，和我并列第一的是一个从农民工子弟学校升上来的女生——杨溪施。这个顶着"西施"之名，却貌不出众，皮肤黝黑的女生，在开学第一堂课的自我介绍中就语出惊人，给大家留下深刻的印象。不过，我很反感她的高调张扬，一点农村孩子的朴实都没有。

"我叫杨溪施，虽无羞花闭月之容，也没沉鱼落雁之貌，但我热爱学习，积极上进，性格开朗，大家都说我人见人爱，花见花开。请大家记住我的名字：溪施，小溪的'溪'，西施的'施'。很高兴和大家成为同学，以后我们就是好朋友了。"杨溪施一席话，赢得如雷般的掌声和哄叫声。

我仔细打量她，还真是黑，心里不屑地想：这女孩脸皮真厚，长成这个样子，还敢大声宣布自己叫——西施。如果是我，早窘迫得挖个地洞躲进去了。

我不喜欢这样的人，一点素质都没有，当然，知道她毕业于城郊的农民工子弟学校后，我也就不惊讶了。只是让我意想不到的是，她的成绩居然和我并列第一。我心里五味杂陈，有失落，也有纳闷，这女孩真是不一般。

二

同桌张均是我小学同学，我把对杨溪施的看法说给他听，以为他会附和我，没想到张均听后，却是一脸严肃地对我说："阿灿，你怎么可以这样贬低我们的同学呢？"

我望着张均，有些恼怒地嚷："怎么了？我说错了？她本来就长得黑呀，还那么爱出风头，像个疯婆子。"

"阿灿，你原来不是这样的，干吗针对杨溪施呢？她就是个快乐女生，没什么不好。"张均想要说服我，我却讽刺他："敢情你喜欢上她了？"这个张均，是非不分，他本该向着我，怎么可以为杨溪施说话呢？

张均不笨，我的讽刺他明白，于是不悦地回敬我："阿灿，我看你是不服气吧。你以前一直是一枝独秀的，现在遇见对手，开始恐慌了吧？"

被张均说中心事，我的脸瞬间涨得通红，但我不能承认，于是愤然说："恐慌？真可笑！麻烦你转告你的'西施'，让她放马过来。一个农村丫头，有何能耐？"

张均盯着我看："阿灿，没想到你心眼这么小，真让人失望。"说完，他头也不回地甩下我走了。

我站在原地，望着张均走远的背影，气愤地踢起路上的一个空可乐罐，大声喊了句："人间奇葩，我和你势不两立。"

"谁呀？谁用罐子砸我？"一声尖叫突然从路旁的灌木丛后传来，我吓了一跳。

我记得小学时，邻居的一个小朋友扔石头玩，不小心砸坏了一个路人的眼睛，赔了很多钱，还被父母打了好几次。

在我忐忑不安地张望时，灌木丛后站起了一个人。我一看，居然是杨

— 演好自己的角色 —

溪施，心里更是惶恐，听说农村人都很会讹钱，杨溪施该不会也这样吧？

"阿灿，怎么是你？"杨溪施看清路上只有我一个人后就问我。

"对不起！我没想到树丛后有人。"毕竟理亏，我只好道歉。

"没关系，不是很痛，只是以后别再乱踢东西了，万一砸伤人就不好办了。"杨溪施说。

我觉得她是在故意教训我，班上的情形她很明白，我是唯一一个没有为她哗众取宠的行为喝彩的人。我讨厌她，或许她也懂吧，而且我还叫她"人间奇葩"。

"需要赔钱吗？"我打断她的话。

"一点小事，赔什么钱？哪有那么严重。"杨溪施笑了起来。

我最不喜欢看她笑，见她真没事后，傲然地说："如果你没事，我走了，你有什么资格来教训我呢？"我丢下目瞪口呆的杨溪施转身跑了。

三

我不和杨溪施说话，我把自己和她的界线划得很清楚。张均这小子和我吵完后，明确开始投奔杨溪施的阵营。后来，张均有几次来向我示好，想缓和关系，但我不想再搭理他。

他不是喜欢杨溪施么？那就让他们天天在一起，玩得忘乎所以吧，我才不稀罕对我不忠诚的朋友。少一个张均，少一个杨溪施，我一样过得开心。

可是，时间久了以后，我渐渐发现，班上的同学似乎都更喜欢杨溪施。他们成天嘻嘻哈哈追逐打闹，而对我却是恭恭敬敬，有一种莫名的疏离感。

学校里的各科目考试、比赛时常进行，我如鱼得水，过得相当畅快。我喜欢考试，更喜欢比赛，我觉得那才是我表现自己的最佳方式，而不会用一些无知的行为去赢得喝彩。

可我看错了杨溪施，她不是"瞎猫碰上死耗子"偶尔考第一。她是有真本事，不仅聪明，能够举一反三，而且她动手能力也强。

我很疑惑，她真的是一个农民工的孩子？她的智商、学习条件能够和我比拟吗？我的父母都是高级工程师，从小就常泡图书馆，寒暑假呆在各种兴趣班，小升初时还有家教老师辅导……

这一切都是杨溪施能比的吗？可是她的成绩却一直和我并驾齐驱，真是气死我了。偶尔赢她，也只有英语科了，可是我从幼儿园就开始学英语，她才学过多长时间呀？我想不通，难道她比我聪明不成？

我不想输给她，让张均看笑话。

四

"阿灿，放学后一起走吧！"一天课间休息时，张均主动对我说。

"你是跟我说话吗？"我们已经有很长一段时间没说话了，我看他，想确认一遍。

"是呀！"张均一脸自然。

我心里却多少起了些波澜，每天看别人三五成群结伴回家，而自己却形单影只颇有些落寞。在以前，我从来不会羡慕别人，但认识杨溪施后，她的率性、快乐还是让我不由自主地向往。

我没想到，放学时，不仅张均陪我，杨溪施也来了。她倒是很大方，就像我们之间从来没有隔阂一样，自然而然地与我聊。杨溪施很爱笑，她的笑声感染了我，让有些拘谨的我很快融入了她的快乐氛围。

"阿灿，我真的很佩服你，无论哪一方面，你都那么优秀。"杨溪施说。

"你也不差呀，还过得那么开心。"我由衷感叹，我的优秀是我努力的结果，但她似乎漫不经心就得到了。

"我家阿灿很厉害的，小学时，他一直是我们学校的尖子生。"张均搂着我的肩膀说。

"什么你家呀？阿灿是我们大家的，我们都以他为荣，我们也要努力让

— 演好自己的角色 —

自己变得优秀。"杨溪施逗乐张均，然后"呵呵呵"地笑起来，笑声爽朗。

我望着一脸笑容的杨溪施，疑惑地问："你就一直没有烦心事吗？看你整天都那么快乐。"

"有呀，可是烦恼的事想了也没用，不如快乐地生活。我会为别人的成功叫好，也要为自己的努力喝彩……"杨溪施絮絮叨叨地说了很多。

五

"为别人的成功鼓掌，也要为自己的努力喝彩。"这句话是杨溪施说的，给我留下了很深的印象。很多时候，我都在思考这个问题。

我反省自己是不是太小心眼了，看不见别人的优点，也容不得别人超过自己。

在杨溪施的身上，我看到了自己的很多不足。她虽然是农民工的孩子，但她一点都不自卑，她过得很快乐。

"得到好成绩获得表扬当然开心，值得为自己喝彩，毕竟付出过，也努力了。但快乐的方式很多，我为自己喝彩的同时也很开心呀！"杨溪施一点也不难为情，为自己喝彩那是因为自己值得喝彩。

这个会为自己喝彩的女孩，她活得率性真实，而且快乐无比。我希望自己也能够成为这样的人——为别人的成功鼓掌，也为自己的努力喝彩！

选自《少年文摘》2015 年第 1 期

每个人身上都有很好的品质，这种品质是和身体，家庭没有关系的。如果我们都能放下姿态去学习身边人的美好品质，那我们无疑就会变得越来越优秀。

爱，一直围绕在我身边

文 / 龙岩阿泰

爱是不会老的，它留着的是永恒的火焰与不灭的光辉。世界的存在，就是以它为养料的。

——左拉

一

周小琪和她妈妈走进我家那年，我八岁，刚上小学一年级。

一天，我放学回家，刚走到胡同里就听邻居说，爸爸给我找了个新妈妈。在他们戏谑的表情中，我的心被深深地刺痛了。我亲眼目睹过街道口那个比我大三岁的男孩，被他的后妈抡着大木棍追打的情形。她追着他满街跑，边跑边骂，街坊邻居都说，那些后妈没有不狠心的。

我忐忑不安地回到家，看见一个四五岁左右头扎羊角辫的小女孩，蹦蹦跳跳地哼着儿歌。夕阳中，她宛若一只舞动的花蝴蝶。

爸爸见我回来了，便喊我："小宇，快进来，你周姨和小琪妹妹来了。"

我低着头，怯怯地走过去。那个叫周姨的陌生女人用粗大的手摸了摸我的头发，笑着说："这小子挺帅气的。"

小女孩一直盯着我看，她欣喜地跑过来拉住我的手，说："小宇哥哥，我叫周小琪。"

我瞥了她们一眼，什么话也没说，冷着脸径直跑回自己的房间，还"砰"的一声把门关上了。我心里的忧伤如水草般滋长、蔓延，妈妈离开不到一年，爸爸就另寻新欢了。

　　我清楚地记得，妈妈临走前，爸爸一直拉着她的手说了很多动情的话，还流着泪说，他会亲手把我拉扯大，不会让我受半点儿委屈。可是，这么快爸爸就把自己的誓言遗忘得干干净净了。

二

　　从她们来后，我在家里就变得沉默寡言，我用无声的抗议来表示自己对她们的不满。

　　周姨待我还不错，每天早上，她都会为我煎上一个荷包蛋；下雨天，她会到学校给我送伞。爸爸多次提醒我，要叫周姨为妈妈，我低着头不说话。

　　只是有一次，我心烦时，随口顶撞爸爸说："我妈早死了。"

　　"啪"的一声脆响，爸爸打了我一记耳光。他气得脸色铁青，一直哆嗦着说不出话。

　　我捂着红肿的脸，倔强地不肯哭出声，倒是站在旁边的周姨哭了起来，她踉踉跄跄地跑进房间。

　　从那以后，很长时间里，我和周姨都没有说话。

　　因为讨厌周姨，我也开始讨厌周小琪，我总会趁周姨和爸爸不在家时欺负她。她什么都听我的，就连我把她的零食骗走了，她还是乐呵呵地一口一个"小宇哥哥"，叫得我既心酸又难过。

　　只是有一件事，多年后我一直没有忘记，我想我对周小琪的态度也是从那时开始转变的。

　　那年春节时，爸爸把压岁钱交给她自己保管，她视压岁钱如珍宝，成天藏在贴身衣服里。但那时，我迷上了看书，很快就把自己的钱花光了，于是开始打她的压岁钱的主意。当我费尽心思把她的压岁钱偷走并买了几本书后，她才发现自己的压岁钱不翼而飞。她把自己的衣服翻了一遍，也没有找到，一整天哭丧着脸。

那几本用从她那偷来的钱买的书，我看完后藏在柜子的最底层，直到小学毕业时我才把那些书送给她，其实是"物归原主"。

三

我上初中时，周小琪已经上小学四年级了。我们很少在一起，但我感觉得出来，她一直努力想接近我，但我不知道该以什么方式接受她。

爸爸在建筑工地当泥水工，成天忙碌，周姨为了补贴家用，就磨米浆炸油炸糕卖。她的摊子摆在距我们学校门前不远处的一个巷子口，每天，我都要从那里经过。

我从来都是低着头匆匆地从她的摊子前跑过去，我害怕她会突然叫住我，那样会让我难堪的。我不想被同学知道我有一个后妈，还是卖油炸糕的。

或许周姨知道我的心思，她从来都不会叫住我。周小琪每天一放学就到摊子前帮忙，她总是很欢快地招呼客人，手脚勤快，忙着收钱、打包。可能周姨对她有过交代，她看见我，也装作没看见。有几次，我明明看见她挥着手似乎是想叫住我的，但嚅动着嘴却始终没有叫出口。

她一直叫我"哥哥"，我却从来没有过哥哥的样子。

那年爸爸从工地的脚手架上摔下来住院时，我却因为要参加中考很少有时间到医院陪爸爸。周小琪每天一放学就到医院去照顾爸爸，其实那时，她也要参加小学升初中的考试。

爸爸摔伤后，半身不遂。医生说，情况好的话，至少也要休养半年才有可能站立起来，但再也不能干重活了。

为了补贴家用，周小琪竟然在暑假里背起冰棍箱上街卖冰棍。

"你不觉得丢人？"我问她。

她没吭声，低着头，连耳根都红了。但她还是背着冰棍箱上街去了，沿街吆喝着。

夏天炙热的太阳像个大火球，待在屋子里都觉得热，我想，在太阳下奔波的她一定更热。但她连一根冰棍都舍不得吃，渴了就喝自己随身带的凉开水。我曾远远地跟在她的后面，我怕别人欺负她，但我却没有勇气跑过去接过她肩上的冰棍箱。

整个夏天，周小琪早出晚归，每天忙忙碌碌。她一条街一条街地跑，每天都能卖掉好几箱的冰棍。有时就连晚上她也不停歇，依旧一吃过饭就背起冰棍箱出去。她说天气热，街上散步的人多，买冰棍的人也多。看着她被太阳晒得暗红而脱皮的手臂，我垂下头，不敢对视她的眼睛。

那个暑假，她挣到了她人生中的第一份收入：238.6 元。

四

上高中后，爸爸已经可以自己走路了，但他再也不能干重活，只能在家帮忙煮煮饭，然后长时间地坐在梧桐树下发呆。

我借口学习忙要求住校，一个星期只回家一次——为了拿生活费。

我依旧不大和周姨说话，但每次，她都会在我准备出门时把钱给我。

周小琪在我原来的初中上学，她和以前一样，一放学就到周姨的摊子上帮忙。有一次，去同学家经过她们的摊子时，我远远地躲在街角观望，然后趁很多人围着摊子买东西时，猫着腰藏在人群里匆匆闪过。

可是，我却没有力气再前行，整个人虚脱似的迈不开步，耳畔一直回响着周小琪清脆的叫卖声："又香又脆的油炸糕！5 毛一个。"

那声音仿佛有一种魔力把我牵引住，我转回头，久久地望着她们母女俩，心里很不是滋味。我看见周小琪穿在身上的衣服，那是我穿旧的校服。她微笑着站在摊子前，动作利索地收钱、打包。阳光下，她的笑容那么灿烂，像一朵盛开的山花。

我刚转身准备离开时，却听到周小琪尖利的叫声："啊，疼！"

我的心"咯噔"一声，连忙惊慌失措地跑过去。

周小琪蹲在地上，眼中噙满了泪水，她被烫伤了。我看到她的手臂上有一长道红红的印子，接着就起了一排的水泡泡。我想那些水泡泡一定很疼的，要不，那么坚强的周小琪怎么会哭呢。

我急忙背起她跑向街角的卫生所，医生帮她处理好后，涂了一些药膏。

我看着她那红肿的手臂，惭愧地问："小琪，疼吗？"

她笑着说："有哥哥在，就不疼了！"

我看到她眼中溢出晶莹的东西，我知道，她流泪不是因为疼而是因为高兴。这是她和妈妈进我们家后，我们第一次如此亲近。

我的鼻子也酸酸的。

我突然意识到，爸爸不能干活后，我所花的钱都是她和妈妈一点点辛苦挣来的。她们夏顶烈日，冬吹寒风，几年来，为了撑起这个家，一直在默默地付出。

街上车来车往，一阵风吹来，扬起了灰尘，蒙住了我的眼睛。我止不住地流泪，心里有种无言的感伤，说不清，道不明，仿佛有什么东西一直在纠缠着我的心。

五

第二天，我从学校搬回家里住。

任凭周姨怎么劝，我都要坚持和周小琪一人一天到摊子上帮忙。

周姨拗不过我，最后不得不答应，但她要我保证一定不能耽误学习。她语重心长地说："小琪是女孩子，能读到哪儿算哪儿；你是男孩子，一定要读大学的。将来咱们这个家就指望你了！"

那一瞬间，鼻子又变得酸酸的，我偷偷背过了身。

此后，我和周姨的关系一天比一天好。我终于不再喊她周姨，而像周小琪一样喊她妈妈。

周小琪看见我和妈妈有说有笑后，还曾躲在厨房里偷偷抹眼泪。

或许，她等这一天已经很久了吧。

周小琪的成绩很好，虽然整天帮着家里干这干那的，但她一点儿也不耽误学习。她笑着对我说："哥，我要像你一样考上一中，这样爸爸妈妈就会很开心了。"

她还告诉我，在我住校的那段日子，她特别想念我。她做梦都想和我能像亲兄妹一样亲密无间，还梦到我亲切地拉着她的手喊她妹妹……

望着渐渐长大的妹妹，我很惭愧。

我知道，她一直把我当做亲哥哥看待。只是我，因为年少的自尊，因为懵懂无知，一直排斥她、伤害她。

我对她说："小琪妹妹，哥哥以前对不住你和妈妈。以后，哥哥不会再这样了，我会好好保护你的……"

我的话还没有说完，她的泪就已经大滴大滴地滚落。她哽咽着说："哥，你终于喊我'小琪妹妹'了？我好高兴哦！哥，我从来没有怪过你，我们早就是一家人了，要相亲相爱……"说着她激动得哭出了声。

我上前紧紧地抱住因哭泣而颤抖的小琪，感动地说："傻丫头，高兴要笑才对呀，不哭了哦！"眼角却一片潮湿。

　　原来，爱一直围绕在我身边，只是我没有用心去体会。

选自《少年文摘》2010 年第 5 期

> 　　人们经常会犯这样可悲的错误：老觉得自己缺爱，或者是没有爱。其实如果你足够留心，你就会发现那些停留在你身边的人都不是无缘无故留下来的。只有一个原因——那就是为了爱你。

我们是一根藤上的瓜

文 / 龙岩阿泰

> 我宁愿用一小杯真善美来组织一个美满的家庭，也不愿用几大船家俱组织一个索然无味的家庭。
>
> ——海涅

一

父母离婚那年，我已经 7 岁，刚上小学一年级。我不明白为什么一向幸福和睦的家说散就散了，无论我和姐姐如何哭闹、哀求，他们还是狠心地把这个家一分为二。

爸爸带走了 11 岁的姐姐，他们去了另一个城市的爷爷奶奶的家，我和妈妈住在原来的房子里。一切依旧，一切又那么的不同了。没有姐姐在的家，冷清得像一座坟冢。

姐姐是个大嗓门，爱笑，爱唱歌，每天家里都会回荡着她"哈哈哈"的笑声，银铃一般。她一笑，我也就会跟着乐，在她身后寸步不留。

最开心的事就是姐姐教我唱歌，她唱"小锣号，嘀嘀嘀吹"，唱"我爱北京天安门，天安门上太阳升"。姐姐的歌声很甜、很嘹亮，楼里的阿姨都夸姐姐是个小歌手，说她长大后，肯定能成为歌唱家……

姐姐是个好动的女孩子，整天蹦蹦跳跳，但她去哪儿都会带上我，还笑着说我是她甩不掉的小尾巴。我喜欢紧紧地拉着姐姐的手，她的手湿润、柔软，被她牵着，我的心会很踏实。那种温暖的感觉，多年后，我依旧清晰地记得。

爸爸拎着行李带姐姐离开的那天，我抱着姐姐，哭着不让她走。妈妈强硬地抱住我，掰开了我紧抓在姐姐衣服上的手。姐姐哭得泪流满面，但她还是被爸爸拉出了家门。她边走边回头，哭喊着："弟弟，我会回来看你的。"

我看见了爸爸濡湿的眼眶，但他还是头也不回地走了，只留给我一个决绝的背影。妈妈也哭了，哭得肝肠寸断，她紧紧地搂着我，泪水流到了我的脸上。

我不明白，他们都如此伤心，为什么还要离婚？那些成人世界里的事情，我始终都想不明白。我只知道，没有姐姐在的日子，我会孤单，我会想念她。

二

姐姐离开的当天晚上，就给我打来了电话。她说，爸爸回家后就喝醉了，她还说她想念妈妈也想念我。拿着话筒，我们放声大哭。妈妈站在我身后，她默默地蹲下来搂着我，一句话也没有说。

很久以后，姐姐在电话里对我说："弟弟，你要乖，要听妈妈的话。""我不要妈妈，我要姐姐。"我哭着说，还回头把搂抱着我的妈妈推开，挂上电话，我依旧不停地抽咽。

妈妈可能是忍了很久，在我哭得筋疲力尽时，她走过来，坐在我身边，有些严厉地说："把眼泪擦干，这个家以后就你一个男子汉了，你要保护妈妈，别整天哭，知道吗？"我瞪着她大叫："我不要你，我要姐姐！为什么要把我们分开呢？"

妈妈无语，她沉默了片刻后才缓缓地说："姐姐永远是你的姐姐，你们只是分开来住，她会回来看你的，你也可以去看她。"她软硬兼施，好说歹说才把我安抚好。

那段日子，我总会做梦，梦见姐姐，她带着我玩滑滑梯，教我唱歌。在我们玩得正欢时，突然一阵大风吹来，姐姐就不见了，找不到姐姐，我害怕得直哭。梦醒后，我才发现，早已泪湿枕巾。窗外月光如水，我起身站在窗前，望着苍茫的夜空，心空荡荡的，像洗涤后的沙滩。

没有姐姐在的日子，孤单的我愈加沉默，妈妈总是很忙，每天早出晚归。我明白，她所有的辛劳都是为了我，姐姐也一次次在电话中对我说，不要恨妈妈，要做个乖孩子。可是我无法原谅妈妈，我知道当时是她坚持要离婚的，是她让我和姐姐分开的。

我生日时，收到了姐姐和爸爸寄来的礼物，是我喜欢了很久的"嘟嘟熊"。但我并不开心，因为姐姐再也不能陪我过生日了。晚上妈妈一个人为我过生日，在点燃蜡烛时，我说："如果爸爸和姐姐也在，那该多好。"

抬起头，我发现妈妈哭了，我不知怎么办才好，惊慌地低着头。姐姐的电话很及时地打来，在我们说话时，妈妈才止住眼泪，为我唱起了生日歌。姐姐也唱，在电话里唱，听着她熟悉而遥远的声音，我突然就开心起来，而泪珠却禁不住地悄然滑落。在我的心里，姐姐才是我唯一想依靠的人。

姐姐每个周末晚上都会给我打电话，这个习惯，她坚持了很多年。虽然没见面，但在电话中，我知道她去学了拉丁舞，也知道她每次考试得了多少分。我也一样，事无巨细，把每天的行程和心情都告诉姐姐。

小小的电话线，像一根亲情的藤，紧紧连着我和姐姐。

三

虽然我的成绩很好，但在学校里，我没有朋友。我的沉默寡言是身边的同学最不能容忍的，我也不屑和他们交往，因为我有自己的姐姐。我一直固守着自己的想法，虽然过得孤单，但浓浓的思念充溢着我的心田，我一直吟唱着姐姐教我的歌谣，唱了很多年。

我没有想到，当年和姐姐分开，再见面时会是在六年之后，那时我已经念初一了。

突然见到姐姐时，我已经认不出她了，她的容貌早已模糊，熟悉的只是她在电话中的声音。那天回家推开门，见妈妈正和一个陌生的年轻女孩说话，我随口问了句："妈，家里来客人啦？"妈妈还未回话，那女孩却先叫我："弟弟，你不认识姐姐啦？"

姐姐？我愣住了，拿在手里的东西慌乱地掉在地上，心底欢喜暗涌，然而才一刹那的功夫，泪水就在眼眶里涌动。"为什么这么多年后才来看我？"我伤感地埋怨，心里有深深的委屈。"弟弟……"姐姐欲言又止。"你也有很多为难的地方，对么？我理解的。"我强颜欢笑，不想姐姐太尴尬。

那天一起吃晚饭，我的话很少，我最想念的姐姐，我和她之间已经隔了六年的岁月。六年，我从一个爱哭的小男孩变成了一个敏感而习惯沉默的少年，我们之间真的太陌生了。陌生的不仅仅是容貌的改变，还有彼此之间的感觉。我不知道隔了六年岁月的河有多宽？要我如何才可以泅渡？

"你不是一直叨念着要见姐姐吗，现在姐姐来了，你怎么又没话说了？"妈妈问我，她对我的冷漠很不满意，我瞪眼看妈妈，却没吭声。我是想念姐姐，但现在的她太陌生了，我找不到过往的那种感觉，我不知该说什么。

姐姐一直微笑地看着我，很安静。突然间想到，或许是现在的她太安静了吧，她再也不会是当初那个会"哈哈哈"放声大笑的姐姐了。

晚饭后，我一个人关在房间生闷气，这样的见面情形不是我想要的。我希望她还是当初那个会搂着我唱"我爱北门天安门"的小女孩，希望她会开怀大笑，会牵着我的手说："弟弟，要小心哟！"……那么温馨的画面，如今只能存留在记忆中了。

她推门进来时，我背对着她，我知道是姐姐，但我不吭声。

"弟，我们聊聊好么？"她说，我没回答，却把头趴在桌子上。姐姐径

　　— 演好自己的角色 —

直走过来，坐在我旁边的凳子上，一只手轻抚着我的后背说："弟弟，姐姐一直都很想你，但是……""你说话不算数！六年了，你都不来看我！"我抬起泪水婆娑的脸愤愤地说。"

是呀，六年了，我们都不是当初的我们了，但是弟弟，你要记住，我们始终都是一根藤上的瓜，你永远都是我最亲的弟弟……"

姐姐说着，哽咽了，看见姐姐流泪，我很难过，我不想看见她哭，我希望她永远都是快乐的，于是轻声安慰她。

那天晚上，在我房间坐了一阵后，姐姐拉着我的手上了天台。我们并肩坐着，望着头顶幽暗的夜空，没有月光，只有满天繁星在闪烁。姐姐把头靠在我肩上，轻声说："记得么？那时候你最喜欢让姐姐带你上天台看星星了。"她说得很轻，仿佛在叹息。

我默默感受着从姐姐指尖传递过来的温度，心，一点一点湿润起来。凉爽的夜风好似一双温柔的手，轻轻抚摸着我们的面颊。良久，我问姐姐："一直以来，你和爸都过得好吗？""嗯！但没有你和妈妈的存在，一个家总是残缺的。"姐姐又叹了口气。

我们一直坐在天台上聊着过往的事，说着未来，直到凉意侵袭，感觉有露水扑面时才离开。姐姐最后对我说："每个人都有权利追求自己的幸福，不要怨恨父母，我们终究要长大的。为他们祝福吧，我们把心放宽，就可以拥有我们自己的快乐人生……"

我肯定地向姐姐点头，心情豁然开朗。一些压在胸口的痛，已经不痛了。

四

我上初三时，姐姐以优异的成绩考上了大学。

那年，妈妈终于在我的支持下，嫁给了一个真心喜欢她的中年男子。那个中年男子丧妻多年，是个本分真诚的人，我叫他陈叔。人与人之间绝对是有"缘分"的，我和陈叔一见如故，我相信他会照顾好我妈，因为他们彼此怜爱着对方。

打电话给姐姐，她夸我事情办得漂亮，虽然最终姐姐没空回来参加妈妈的婚礼，但她的祝福，妈妈收到了。姐姐依旧时常打电话给我，在电话中，我们谈笑风生，再也没有哭哭啼啼过。

偶尔，我也会主动打电话给早已经陌生的爸爸，他也在几年前再婚了。我们的话不多，但我的问候和关心，我想，他会感知。

姐姐帮我打开了心结，我已不再怨恨任何人。

就像姐姐说的：每个人都有权利追求自己的幸福，与其怨恨，不如祝福，这样我们自己也可以幸福快乐一些。这些话我已经牢牢记在心里。

我们虽然分开了，但我们始终都是一根藤上的瓜。无论何时何地，我们依旧都是最亲的亲人，我们要相亲相爱。

选自《青春期健康》2014 年第 3 期

家人的概念，就像是树枝上散落的几片叶子，要互相陪伴，给予爱和接受爱。没有什么感情会比这种感情更特殊的了。

— 演好自己的角色 —

那段茉莉香味的青春

文 / 侯雪涛

交朋友必择胜己者。

——何坦

一

"噔、噔、噔……"一串急促的脚步声倏然划过，这已经是苏晓冉第三次在上自习的时候莫名其妙地跑出教室了。

尽管上周开班会时，班主任刚强调过不准在自习课期间讲话、擅自离开座位等规定，但苏晓冉依然明知故犯。

虽然我是她的同桌，但对于她频繁地擅离座位，我也道不出原因。由于在生理课上多多少少对"男女之别"有些了解，所以我也羞于启齿问她原因，以免触碰到了敏感话题，让彼此都尴尬。

二

苏晓冉是后半学期转学过来的插班生，学习成绩出奇得好，当班主任说把她安排到我旁边的座位上时，我不由暗自小小兴奋了一下。当时想着，能和学霸成为同桌，也算是一件无比光荣的事情吧。

的确，苏晓冉学习确实非常刻苦，这也难怪她能以绝对大的分差在她入班来的第一次考试中就取得了全班第一名的好成绩。班主任更是对她宠爱有加，经常在班会上表扬她，并让我们以她为学习的榜样。从那时起，苏晓冉就成了我崇拜的偶像，我每天都以她的学习状态来监督自己。

在我的印象里，苏晓冉一直是个性格内向的女生。关于学习之外的话题，我们很少聊起，她给我留下的最深印象就是：喜欢买茉莉香味的手帕纸和看故事类的杂志。

三

自从"五一"假期返校之后，我发现苏晓冉的行为变得异常古怪起来。除了经常看到她用手帕纸擦鼻涕外，她在学习上的态度也更是令我大跌眼镜。老师每次点她上讲台上演板，她都以各种理由拒绝，甚至为了不上去演板，她还故意说不会。在上自习的时候，总是肆无忌惮地中途就跑出教室，昔日遵规守矩的乖女孩俨然变成了散漫随性的坏学生。

苏晓冉从外面回来的时候，总能引起后排男生的一片唏嘘，除非是某些太过分的言辞，苏晓冉会恶狠狠地剜过去一眼，其他的一概置若罔闻，若无其事地埋头继续做她的作业。只是会时不时地抽出一张手帕纸，轻轻地揩鼻涕。经过那些调皮男生的八卦处理，"鼻涕妹"的外号也自此在班里流传开来。

每当苏晓冉打开手帕纸时，都会有一股茉莉花香的味道扑鼻而来，沁人心脾。但是望着被鼻涕纸堆满的垃圾袋，我又顿感一丝丝恶心。

看着刚换上两天的垃圾袋，又被苏晓冉以闪电般的速度给填满后，我不由心生怒火，略带抱怨地质问她："苏晓冉，你为什么不去医院看看你这鼻子呀？这样下去，每天得制造多少白色垃圾呀？"

"对不起。"苏晓冉一字一顿，以简短的回答结束了这次对话。面对她诚恳的道歉，我也只好强忍心中的怒火，任它渐渐平息下去。

为了不让自己成为那些调皮男生调侃的对象，所以我总是下意识地和苏晓冉保持着距离，也很少像以前那样过分热络地向她请教问题。我们的关系也随着冰冷的气氛而逐渐疏离，渐渐地，我开始想要甩开"鼻涕妹同桌"这个让我引以为耻的身份。

四

林灿是我在班上的好哥们儿，同时也是给苏晓冉起外号的参与者之一。他的座位是在我们后排的一个独立座位上，所以也就没有了同桌。

在和他的一次闲聊中，他向我抱怨说，他自己一个人坐那里好无趣，连个同桌都没有，加上我对"鼻涕妹"苏晓冉越来越厌烦的心理，我头脑中瞬间闪过这样一个想法：何不让林灿和苏晓冉换下座位呢？这样我和林灿也就都能摆脱痛苦了。

但究竟该如何向苏晓冉说这件事呢？直接说，像是有点驱逐她的意思；让同学传达给她，似乎又没人愿意充当这个角色。

最后，我决定以写纸条的方式来向苏晓冉传达我想要她和林灿交换座位的这个想法。

为了使苏晓冉能第一时间发现纸条，我把纸条偷偷地放在了她手帕纸的包装里。这样的话，她只要一拿纸擦鼻涕，就一定能看到我放进去的纸条。我不由为我自己的这个奇思妙想而窃喜。

让我意想不到的是，就在我放纸条的第二天，苏晓冉竟然没有来上课，而且书桌上的东西也不见了踪影。一时间，我开始思索着她离开的各种可能，难道是她看完纸条后生气了？还是被我给硬生生地逼走了？刹那间，我开始对我的做法感到一丝懊悔。

五

在晚上的班会上，班主任为我解开了这个谜团。他说，苏晓冉其实早就向他提出了退学申请，她要转回她省城的学校，顺便在那里看她的鼻炎。原来对于苏晓冉随意离开教室一事，班主任也是心知肚明。

苏晓冉私下里向班主任说了她鼻子的问题：她患的是顽固性鼻炎，鼻涕会在鼻腔内累积，所以需要定期用力擤鼻涕才能使鼻腔稍微通畅一些。但在安静的自习课上用力地擤鼻涕势必会产生很大的噪音，影响周围的同学，所以苏晓冉选择了在自习课上跑到教室外面去做这件事情。

同学们听完班主任的一席话，纷纷面露错愕。我更是为之震惊，回过头来一想，苏晓冉拒绝上讲台的原因也大抵归结于此。对于她这样的病症，有时候流鼻涕是不受控制的，所以若在讲台上流着鼻涕演讲，定会引起大家的哄笑，成为大家议论的焦点。

我不仅误解了苏晓冉，而且还变本加厉地想以换座位的方式来避开她。想到这里，我顿感赧然，自责和内疚犹如一把尖刀刺在我的胸口上。

几天后，我收到了苏晓冉托人捎带给我的纸条，上面写道："萧凯同学，首先请原谅我的不辞而别。另外，之前因为鼻子的原因，如果在学习和生活上给你造成了影响，还请包涵。我的鼻炎正在慢慢恢复，希望等我鼻炎好了后，还能有机会和你坐同桌！对了，我桌子抽屉里还有几包手帕纸和几本杂志，你如果不介意的话，就当我送给你做小礼物吧！"

读完之后，我眼眶早已湿润。如果我能早一些看出苏晓冉鼻炎的严重性，或许就不会对她产生那么深的误会，也不会想要林灿和她换座位了。但遗憾就如同我们身上的伤疤，我们能够创造它，但往往却不能治愈它。苏晓冉的事情不仅给我上了一堂重要的人生交际课，还让我深刻地意识到了友谊的可贵性。

— 演好自己的角色 —

虽然自那以后，我和苏晓冉再也没有了交集，也没有机会再和她成为同桌，但每次打开她留下的那包茉莉香味的手帕纸，我总能嗅到那段与她有关的青春。

选自《学生天地·初中》2015 年第 8 期

我们都曾经那么自以为是地中伤过一个人，可是后来才明白，那是年少轻狂不懂事。可是以后再回头看的时候，似乎就不那么重要了，重要的是成长，不是吗？

那院的花红树和那年的白月光

只是一低眉，月光片片，缤纷落于脚尖；只是一低眉，那个人，便清澈浮现眼前。才下眉头，却上心头，这便是想念。会忽然想起某个人，想起时，世界万籁俱寂。忽有斯人可想，斯人，是旧人，住在旧时光里，住在内心。像冬眠的爬行动物，惊蛰一声雷，他在心里软软凉凉地翻身。是忽有斯人可想，这想，既是缺憾，又是圆满。

杜纤纤的"侠女梦"

文 / 阿杜

　　每一个人都需要有人和他开诚布公地谈心。一个人尽管可以十分英勇，但他也可能十分孤独。

——海明威

一

　　"我最崇拜那些武功高强的侠女了，她们多威风呀！"在几个女生叽叽喳喳地聊起自己喜欢的偶像明星时，杜纤纤不合时宜地插了一句。

　　"切！老土！都什么年代了？还侠女？"同桌邱玫不屑地抛了个白眼给她。几个女生也迅速转移阵地，撇下杜纤纤一个人。

　　"侠女有什么不好呢？她们为什么都不喜欢？"杜纤纤摸着自己的大圆脸自言自语地思忖。她一直就爱看武侠书，最喜欢金庸笔下古灵精怪的黄蓉了。还梦见过自己变成像黄蓉一样冰雪聪明、风华绝代的侠女，与喜欢的人一起研习高深莫测的武功，游走江湖，除暴安良……这样的梦，她一做再做。

　　上课铃响时，杜纤纤回到座位，见邱玫正对着小镜子左顾右盼，于是亲热地靠过去说："小妖精，上课了还要打扮呀！"邱玫没回头，却迅速地闪了一下身，没好气地说："离我远点，杜侠女！"她烦透了杜纤纤，整天不是侠女就是女侠，既不知道打扮，也不知道瘦身，腰粗得像水桶也无所谓。

见邱玫不理自己，杜纤纤喃喃道："臭美的女生就是磨叽。""你！杜大脸……"邱玫气得不知说什么好，在老师走进教室时，马上转过身，以决绝的脊背对她。

二

经过邱玫一番添油加醋的控诉，班上的女生决定集体排斥杜纤纤。

杜纤纤不知情，见到那些女生聚众聊天时，她还是会不知趣地凑过去。可没等她开口，邱玫就扯着嗓子叫："一边去，杜侠女。"众女生的白眼球一时间犹如万千暗器"嗖嗖"地飞过来，杜纤纤连退三步，大声叫着："我撤！"

没有女生搭理，杜纤纤一点都不介意，班上还有许多和她一样有着侠客梦的男生，特别是后桌杨亦，他们会从《射雕英雄传》讲到《神雕侠侣》，最后又绕到《天龙八部》。杜纤纤熟读金大侠的所有武侠小说，讲得激动时口沫横飞，神采飞扬，还会兴奋地拍着桌子叫："我最喜欢大英雄乔峰了……""是呀是呀，我也喜欢乔峰。"杨亦热烈附和。

看他们一唱一和，邱玫一肚子火，她偷偷喜欢杨亦好久了，一直埋在心里不敢表露出来。杨亦长得好看，特别是那双眼睛，清澈得像水晶，他的成绩还很好。只是邱玫不敢随便和他说话，怕一看见他的眼睛就心慌意乱。

"让一让，我要过。"她冷冷地打断正在兴头上的杜纤纤，挤身出去，眼睛却偷偷地瞟了眼杨亦，想不明白他怎么会喜欢和胖妞聊天呢？

杜纤纤不好意思地吐出半截舌头，随即挪动身体，脸却还是面对杨亦的。还真是"目不转睛"呀！邱玫见状怒目横眉。

她突然看见杜纤纤伏到杨亦的耳畔，不知嘀咕什么。两个人又开怀大笑时，邱玫狠狠地踹了墙壁一脚，她把墙当成了杜侠女，却是疼得自己忍不住落泪。

三

课堂上，邱玫搓着自己因踹墙弄疼的脚，一脸痛苦。

杜纤纤见状，扭过头问："怎么啦？看你的样子想哭？"

邱玫忍着痛不作声，倔强地扭过头去。

"哇！你的脚肿得像大馒头？怎么会这样？"杜纤纤惊叫起来，连老师都引来了。"老师，邱玫的脚肿了，她很痛，我送她去医务室吧。"杜纤纤自告奋勇。老师看了看邱玫肿胀起来的脚，默许了，还当众表扬了她。

邱玫一脸不情愿，但又不好解释，只能任由杜纤纤搀扶着一起走出教室。才走到教室门口，邱玫却又忍不住叫痛。

"来，我背你吧！"杜纤纤半蹲着。

趴在杜纤纤宽厚的背上，邱玫心里五味杂陈，想了想，她轻声问："纤纤，你刚才下课时和杨亦都聊了些什么呀？"

"武侠！我们是'英雄所见略同'！"杜纤纤一边伸手抹汗一边说。

邱玫听着，心里直生气，还"英雄"呢？她故意在杜纤纤的背上扭动，忍不住又呻吟起来，那脚真是痛，痛彻心扉。

"别动，邱玫，肿消了就不痛了。"杜纤纤安慰道，加快了脚步。

在医务室，杜纤纤陪着邱玫，一直配合医生忙上忙下。回教室时，她一手搀扶邱玫，一手拎着帆布鞋，脸上汗渍斑斑。

邱玫歉意地说："纤纤，辛苦你了！"

"没关系，小事一桩，这是我们侠义之士该做的。"杜纤纤说。

邱玫一直都知道杜纤纤是个热心肠的女生，对人没坏心眼。她一直记得有一次学校一个同学生病需要昂贵的医疗费，团委组织全校师生捐款，杜纤纤一股脑儿把自己积攒了半年的零花钱全捐了。

"邱玫，你的脚是怎么弄伤的？"杜纤纤随口问了一句，一提起这事，邱玫的脸又生硬起来。她不快地想：还不是因为你？但嘴上却说："走路不

—— 演好自己的角色 ——

小心崴了。”

放学时，每天坐公交车的邱玫急了，人那么多，怎么挤呀？在她正着急时，杜纤纤先开口了：“邱玫，这段时间，我骑车接送你吧！”

邱玫家离学校远，见杜纤纤这么自告奋勇，她有些过意不去地说：“那真是辛苦你了。”

“不辛苦！不辛苦！”杜纤纤一脸豪气。

四

那些天，每天都是杜纤纤载着邱玫上学、放学。其实杜纤纤和邱玫不同路，送邱玫回家后，她要绕一个大弯才能回家。

坐在自行车后架上，邱玫吹着凉爽的风，一手搂着杜纤纤的大蛮腰，一手拽着车架，心里波澜起伏。一直以来，她都不曾真诚和友善地对待过杜纤纤，还总是联合其他女生一起排斥她、嘲笑她，把她当成怪物。可是杜纤纤从没有敌对过她，每次遇见困难都是她第一个主动来帮助自己。

看着背部衣服一片濡湿的杜纤纤，邱玫心里过意不去。她伏过头去，说：“纤纤，累吗？”“还好！”杜纤纤头也没回，却更加用力地蹬车。“纤纤，我总排斥你，你会生气吗？”邱玫问，她很想知道她的想法。只是她怎么也想不到，杜纤纤居然会说：“你有排斥我吗？我没感觉到。我喜欢的武侠世界你不懂，但杨亦会懂。”说起武侠，杜纤纤又滔滔不绝。

在她们谈笑风生时，杜纤纤突然急刹车，邱玫没注意，整个人猛地冲在杜纤纤身上，两个人一起摔下车去。

“纤纤，你搞什么呀？刹车那么急？”邱玫抱怨不停。杜纤纤却没解释，她从地上爬起来后，急切地说：“邱玫，这车你自己骑回去。”然后只身往旁边的小巷口跑去。

邱玫爬起来，一脸纳闷：这个杜侠女怎么了？一惊一乍地吓死人。她扶起车，朝杜纤纤刚才跑的方向驶去。

一进巷口，邱玫傻眼了，她看见杜纤纤指着一个红头发的小混混大义凛然地骂："你想干什么？"小混混年纪不大，也就十四五岁吧。他惊愕了一下，待他转过头看清来管事的是个女生时，一脸嚣张地说："臭娘们，活得不耐烦了？"被小混混拦劫在角落的小男孩一直在哭。

杜纤纤愤愤地骂："好意思吗？欺负这么点大的孩子，你还要不要脸？冲我来呀！"小混混迟疑片刻后，就阴着脸一步步朝杜纤纤走去，小男孩趁机跑远了。

"来呀，我不怕你。"杜纤纤的声音里明显透着一丝颤抖，但她没有后退。"抢劫啦！快来人呀！"杜纤纤突然大叫起来，并且迅速抢起书包砸在已经冲到面前的小混混脸上。书包沉，那小混混被书包砸得有点晕时，杜纤纤挥舞着她的小拳头冲了过去，嘴里还不忘大叫："来人呀，有人抢劫。"

小混混没想到杜纤纤一个胖女生居然敢和他打架，傻了，愣是被杜纤纤打得招架不住，然后在路人围过来之前，转身逃跑了。

邱玫怔住了，她没想到杜纤纤如此神勇，真的就像传说中的"侠女"。

看着已经屁滚尿流跑远的小混混，杜纤纤跳着脚叫："看你下次还敢敲诈别人，我天天等着你。"邱玫跑上前，拉着杜纤纤的手说："纤纤，我太崇拜你了！"

杜纤纤双手抱拳，谦虚地说："哪里，哪里，这是我们侠义之士该做的事……"说着，和邱玫一起大笑起来。

五

自从杜纤纤打跑敲诈小学生的小混混后，事情经过邱玫大肆渲染，四处宣传后，班上的女生对她的印象完全改变了。

一下课，一群女生就围在杜纤纤身边，要她教大家"女子防身术"，说也要像她一样做个勇敢的侠女。

杨亦凑过来说："杜女侠，什么时候我们笑傲江湖呀？"逗得一群女生

— 演好自己的角色 —

哄堂大笑。

　　邱玫也笑，她再也不会嫉恨杜纤纤和杨亦总有说不完的话了。

　　邱玫明白：杜纤纤是一个善良的女孩，她对身边的人真诚友善，她向往的只是武侠世界里那些侠女们敢爱敢恨、勇于担当的精神。

选自《语文报》2015 年第 18 期

　　　你是什么样的人，你就崇拜什么样的人，一切表象的东西，都是内在世界的某种反映。所以，爱好，是可以看出一个人的性格的。

那院的花红树和那年的白月光

文 / 告白

关爱，撑起心灵的蓝天！

——佚名

　　记忆中，那是一棵遮天蔽日的花红树，花红树下有口老井，井壁四周爬满厚厚的青苔。这棵树和这口井都生在一个酒铺的院子里，酒铺的主人是个老头，约莫九十来岁，用云南方言来说，我们得叫他老祖（曾祖辈）。

　　这是条老街，经常停水，只要一停水，老街的几十口人都会排队去这间酒铺打水。

　　有一次停水，我跟父亲挑着担子进了小院，一进小院，我就被那棵葳蕤的大树吸引住了。巨大的树荫像翅膀一样，把院子遮捂得严严实实。青石板上密草丛生，雕花的木门上爬满了绿叶，仰头而望，高展的枝叶间挂满了香气逼人的花红果。

　　父亲说，这棵树的年纪和老祖不相上下，均在百年左右。

　　我那时不过 12 岁，百年对我来说，实在是串遥远的数字。

　　再后来，听说老祖身体不适，酒铺便交给了他儿子打理。他儿子在我看来，也是位老人，年近七旬，我得叫爷爷。

　　父亲经常会在午饭的时候塞给我一块钱让我去打酒。老祖看起来特别和蔼，总会在打酒的时候问我许多问题，比如"你是哪家的孩子啊？叫什么名字啊？""你几岁啦？念几年级啊？"等等。

听父亲说，他是个老教师，很有文化。我深信不疑，因为他虽然年纪大，但说话特别文雅，不像父亲，动不动就对我骂骂咧咧，乱爆粗口。

我第一次吃花红果，是在暑假的一个午后，隔壁的小伙伴从兜里掏出一个塞给我，让我尝尝。我放在手里仔细端详，发现这散发着诱人香气的小果子，简直和苹果长得一模一样。

我爱极了它的味道，酸甜清冽，脆实可口。吃完后，他又塞给我一个说："好吃吗？跟我一起去摘吧。那家院子里有好大一棵花红树，上面结了好多好多的花红果！"

"骗人！根本进不去好吧？进院子只有一条小路，那条小路必须经过酒铺。爷爷就在酒铺里坐着呢！"我心里有点慌张，因为我从没经历过这样的事情。

"傻瓜，你没发现隔壁的老房子空着吗？只要爬上这座老房子的围墙就可以够到花红果了，知道不？难道你没看见那花火果长得到处都是？"

于是当夜，他带着我，在清凉的月光下偷回了第一批花红果。直到今天，我都还清晰地记得当时的景况。

月光像只明亮的眼睛，高挂在远方的黑暗里，使人心里发怵。我怀抱着满满一袋果子，越跑越害怕，越跑越孤独，怎么也摆脱不了头顶的月亮和母亲在我心里树立的神明。

刚进门，我就被父亲叫住了，当他看到那满满一怀的花红果时，顿时怒不可遏。他从腰间解下皮带，把我打得鬼哭狼嚎，讥讽我是李氏门中的第一个小偷，算是给祖宗长了脸。

我一边哭一边求饶："爸，这不是我偷的。这个是爷爷给我的，这个是爷爷给我的……"

当夜，父亲拉着我敲开了酒铺的小门。来开门的是那位和蔼的爷爷，他披着绿色的军大衣，看了看满眼泪水的我，又看了看父亲手中的皮带说："你怎么能这么教育孩子？太不像话了！"

"大爹，这些花红果是不是小海在你们树上偷的？我领他来给你道个歉。"父亲指着我怀里的花红果问爷爷。

　　"哪有的事？我刚才见他在门口玩，特别可爱，就送了他一些，怎么能说是偷呢？这么大棵树，这么多花红果，我们天天吃也吃不完啊！"爷爷说完之后，转身进屋，抻起一根竹竿，打了一地花红果，说要全部送我。

　　再后来，花红树挂果的每个夏天，只要我去打酒，他都会送我许多花红果。但对那夜的事，他始终只字不提。

　　几年后，我考去湖南上学，便与他断了联系。听母亲说，老祖走后没多久，他也过世了。

　　听到这个消息，我心里觉得很难过。躺在异乡的床上，我时常想起他那和蔼的面容，想起那个古朴院子里的花红树，以及那年那夜的白色月光。

选自《语文周报》2014 年第 44 期

　　善意的谎言，善意的爱，那些平凡的面孔，却用无私保护了我们幼小的心灵。

　　— 演好自己的角色 —

少女丹妮之烦恼

文 / 龙岩阿泰

　　语言只是一种工具，通过它我们的意愿和思想就得到
交流，它是我们灵魂的解释者。

——蒙田

一

　　杨丹妮是班上新转学来的女生，她很漂亮，初来乍到，就赢得了众人
的好感。可是才过了半个学期，她却敏感地发觉大家开始躲避她了。

　　杨丹妮感觉很孤独，长得漂亮是上天恩赐的，能怎么样呢？她觉得大
家躲避她，无非是她长得好看，让大家羡慕嫉妒恨了。

　　随便吧，各行其道，不见得我就非得跟她们一起，杨丹妮暗暗宽慰自
己。但在教室里，看见别人谈笑风生时，她还是会不自觉地感觉到被人冷
落的难过。她还听见有同学在背后议论她嘴巴抹了蜜，没一句真心话，甚
至于有人直接说她虚伪。

　　我虚伪吗？杨丹妮觉得自己很委屈。

二

　　杨丹妮记得在原来的学校里，自己就是因为实话实说，得罪了不少
同学。

杨丹妮原来的同桌是个胖胖的女生，叫刘燕子，仅仅因为别人在叫她"小燕子"时，杨丹妮开了个玩笑，她说："这世上哪有这么胖的小燕子呀？叫'大鸟'还适合一些。"

　　就因为这一句话，刘燕子当场和杨丹妮闹翻了，班上其他女生也觉得杨丹妮太过分了，要她给刘燕子道歉。杨丹妮不愿意，她觉得自己只是实话实说，没有错。类似的情形发生过几次后，杨丹妮就被众人排斥了。

　　原以为转学后，在新的环境里，一切都会变得好起来，但半个学期过去，情形依旧如此。杨丹妮不明白自己又做错了什么，她已经记住教训，完全按照老妈说的，要多赞美别人，这样就能赢得好人缘。可是她这样做了，身边的同学还是不喜欢她。

　　杨丹妮现在的同桌是个黑黑瘦瘦的女生，按以前，杨丹妮肯定会说她是从非洲来的。但现在，杨丹妮知道说话太实在遭人嫌，就赞美同桌的肤色健康，还说国外许多人都会特意到海滩把自己晒黑。"那你为什么不晒黑？还养得这么白？是在讽刺我吗？"同桌女生撇撇嘴，冷冷地丢下一句话，转身走出教室。

　　那女生后来就跟其他女生说杨丹妮虚伪，明明知道所有女生都希望有白皙的皮肤，却故意跟她说黑皮肤代表健康。一个胖女生听后，接着说："是呀，她还跟我讲，我的身材刚刚好，她很羡慕我，要是在唐朝，大家都抢着让自己长胖。我就说，那你怎么不长胖点？她说她长不胖，长不胖？骗谁呢？"

　　几个女生围在一起，叽叽喳喳说个不停，最后的统一结论是：杨丹妮为人太虚伪，不值得交。杨丹妮后来知道了别人对她这样的评论，默不作声，心里却翻腾得厉害：我说真话，大家接受不了，说我嘴太损；我现在学着赞美别人，她们又说我虚伪。到底要如何做才好呢？杨丹妮想不明白。

　　杨丹妮变得不爱说话了，她感觉很累，说一些言不由衷的赞美话，连自己都恶心。但为了让自己有个好人缘，她说了，结果却被大家说成"虚伪"。

　　　　— 演好自己的角色 —

三

杨丹妮长得漂亮，虽然被女生排斥，但男生还是喜欢找她说话，有些大胆的男生还偷偷给她递纸条。杨丹妮看着纸条不屑地笑了，老妈早告诫过她，对于这种早熟的男生一定不能给好脸色，要不，对方会纠缠不清。

对于源源不断的示好小纸条，杨丹妮看过后就撕了，她遵从老妈的教诲，从不正眼看那些男生。老妈告诉过她，人要脸，树要皮，只要她以沉默应对，那些男生就会明白她的意思，就不会再写那些无聊的纸条了。在以前的学校，她同样收过不少纸条，按老妈说的办法处理，确实有效果。可是在新学校里，她遇见了一个让她颇为头疼的男生。

那男生是隔壁班的杨旭，在学校里有"校草"之称，是很多女孩喜欢的那种有点吊儿郎当的高个男孩。刚开始，杨旭是以交友小纸条探路，见杨丹妮毫无反应后，他就开始给她写信，信很长，洋洋洒洒五六页的作业纸。杨丹妮听同学说过，很多女孩喜欢杨旭，甚至于有两个女孩还为杨旭大打出手过。

杨丹妮的冷淡和拒绝更是激起了杨旭的斗志。见长信也打动不了她后，他干脆每天课间都跑到杨丹妮的教室，坐在她前排的位置，转过身，却什么也不说，只是脸带微笑，目不斜视地盯着她。

杨丹妮感觉很别扭，她知道班上的同学都在注意自己，这让她浑身不舒服，于是走出教室。杨旭寸步不离地跟着她，这让杨丹妮感到烦不胜烦，她冷漠地对他说："拜托，不要这样跟着我，太烦人了。"杨旭不吭声，依旧嬉皮笑脸地望着她。

班上的女生见杨丹妮不理不睬她们心目中的"校草"，居然群起而攻之，说杨丹妮假清高。也有一些女生曾偷偷给杨旭递过纸条却被拒绝了，现在见杨旭居然紧追杨丹妮，还被骂成"太烦人了"。可她们从来没有享受过杨丹妮这样被男生"众星捧月"般的幸福，心里的嫉妒此时就像一团熊熊燃烧的火。于是，她们把曾经被男生拒绝的怨气全撒到杨丹妮身上，说她有什么了不起，一脸狐媚样。

杨丹妮知道这事后，目光荒芜，心灰意冷。她搞不明白怎么会这样，所有的错似乎全在她一个人身上。

当杨旭不仅课间跑来找她，放学后还尾随她回家时，杨丹妮彻底发怒了，她在路上愤愤地指着杨旭说："你觉得这样很有意思吗？我的沉默是希望你自重，并不等于我如此就可以接受你无休无止的骚扰。你可以不自爱，但你这样让我烦透了，我恨不得你马上消失……"太愤怒的杨丹妮在骂杨旭时，已经顾不得在她身后不远有几个同班的女生正看好戏一样望着她。

果然不出所料，才半天工夫，杨丹妮在路上指着杨旭叫骂的事就在学校里传得沸沸扬扬。版本很多，但意思都是说杨丹妮看似高贵文雅，其实骂起人来，比泼妇还可怕。

四

杨丹妮越来越害怕去学校了，她不知道为什么会这样，无论她如何做，总不能讨得身边同学的欢心。一直以来，她只想好好和身边的同学相处，但就这么一个简单的愿望都那么难以实现。

她们是嫉妒我漂亮吗？但学校里漂亮女生不止我一个，她们为什么就不会被排斥？而我，无论是说真话，还是说虚伪的赞美，都让人难以接受。拒绝一份不该发生的情感也错了吗？我到底要如何做呢？杨丹妮陷入孤独的境地，难以自拔。

孤独的杨丹妮整日愁眉不展，郁郁寡欢，老班发现后，及时找她了解情况。其实杨丹妮也正想找人倾诉一下内心压抑得她喘不过气的积郁。

听完杨丹妮的话后，老班说："说真话没错，但当你的真话像针一样刺得别人难受时，你是否考虑过换一种更好的方式来表达？赞美别人也没错，但你的赞美真诚吗？你要知道唯有真心才能交到真朋友。你用沉默的方式拒绝别人对你的追求，这本身也没错，但当这种方式不起作用时，你是否可以单独告诉那个男生你心里真实的想法……"

杨丹妮郁结的心渐渐打开，她终于明白了自己要如何做才是最好的。

选自《知识窗》2012 年第 10 期

说真话不难，难的是用委婉的方式让别人接受你的好意。所以，劝说和教育虽然都是出于爱，但是需要讲究方法。

"工友"杨安

文／罗光太

> 经验使我们恍然大悟地认识到，我们为什么常常不从经验中吸取教训。
>
> ——萧伯纳

初二暑假，因为成绩不好，我被老爸带去他上班的煤矿进行"劳动改造"。知道是去煤矿"吃苦"，我心里一百个不愿意，但老爸态度强硬，我只得乖乖跟去。老爸在黄坊煤矿负责矿区基建工程，那破地方我去过，偏僻的穷山沟。四周除了山还是山，一条大河在山脚飘然而过。

到煤矿的第一天，老爸就把我交给工程队的负责人，交代他，如果我偷懒就扣工钱。我才不在乎那几个钱，但反感老爸对我的态度，不就期末考试没考好，有必要这样大动干戈吗？

负责人把我带去工地，还从高高的脚手架上叫下一个人来。

来人是一个年纪和我相仿的男孩，头戴安全帽。瞥了一眼他黝黑的脸庞，我就把目光转开，心里满是不屑。

"杨安，从今天开始，你负责带罗工程师的儿子干活。你干什么，他也干什么，还得看住他，不许他偷懒，有什么情况直接向我反映。"负责人说。我听了心里极不舒服，于是愤愤地回敬他："干吗？当我是犯人？还得安排一个人监督我？""你爸把你交给我，我得为他负责，杨安，你要看好他。"说完，他转身走了。

— 演好自己的角色 —

望着负责人离开的背影，我恼怒地踢开脚下的一块石头，说："什么人呀，这样对我。"

"你好！我是杨安。"杨安热情地走过来招呼我。

"好什么好？没看见我正生气吗？"我恼火地冲他瞪眼。

他却不恼，笑着说："很简单的活儿，干几天就会习惯了。""习惯？我可不会习惯，这些都是民工干的活儿，我不会。"我直言不讳，把怒气全撒到他身上。

杨安不接话茬儿，任我说，脸上依旧挂着笑。我厌恶地瞟了他一眼，心想：我又不是你，天生的民工命，人都晒成木炭了，当然习惯。我骂骂咧咧半天，最后还是不得不听从杨安的指挥。我知道老爸的脾气，如果真不干活，他肯定不会放过我。

杨安让我和他一起筛沙子，说这几天用沙量大。他找来一顶安全帽和一把铁锹交给我，然后帮我在空地上支起一张筛网。可能见我说话一直都带火药味，他便不再自找没趣，自己在旁边另外支起一张筛网。僵持了一会儿，见他没再理会我，有些没意思，于是我拿起铁锹学着他的样子，铲了一大锹的沙子扬到筛网上。

杨安弓着腰，动作娴熟，下铲、上扬，"唰唰"的声音中，筛网后面的空地上渐渐就起了一座小小的沙堆。见状，我可不甘心输给他，也加快速度。这么简单的活也想难倒我，没门！可才过了十几分钟，我就吃不消了，手臂酸软乏力，喉咙干得直冒烟。可恶的太阳，快把我烤干了，头闷在安全帽里更是难受，汗水沿着面颊流淌成河。

我一下丢了铁锹，摘掉安全帽，跑到树荫下大口喘息，这鬼天气，连一丝风都没有。杨安也挥汗如雨，他背对着我，手不停歇地忙碌，他的筛网后面已经堆起了规模不小的沙堆。

"你就不能歇歇吗？这么明显的对比，成心让我颜面扫地？"我叫他。我知道这段时间得天天跟他相处，一直不说话，对我这个爱热闹的人来说简直就是折磨。

"你歇歇吧，这堆沙子今天上午就得筛完的。"他回应我，手却没停下来。

"老天爷，想累死我呀？这么一大堆沙子，上午就得干完？"我惊叫，颓然瘫坐在地。

杨安一直没停手，汗水沿着他的手臂汩汩地流。歇了一阵，看他还没停，我也坐不下去，抓起铁锹再次加入。我有一锹、没一锹地筛沙，干得慢条斯理。手臂实在是酸了，连铁锹都快抬不起来了。而且手掌心不知什么时候已经磨出三个水泡，其中一个烂了，钻心地痛。

"杨安，我要累死了。"我沮丧地说。

他转过头，说："刚开始都这样，几天后就习惯了，你先去休息吧。"

我很听话地去休息，一个上午，每干十几分钟我就休息一阵，人依旧累得像烂泥。靠在树干下，我看着一直没停歇过的杨安问："你天天都这么干活吗？几岁辍学的？"心里颇有些同情这个和我年纪相仿的男孩。

"我没辍学呀，刚初三毕业。"他说。

"没考上？被父亲赶来劳动改造？"我逗他。

"不是，是我自己要来的。一来体验生活；二来锻炼身体；三来挣学费……"杨安说，可能一时来了兴致，他居然扔了铁锹跑过来和我坐在一块儿聊天。

看他的个头，比我还矮一点，居然毕业了，于是撇撇嘴问："考上哪啦？""一中。"他平静地说。

真厉害！我又问："你家里很穷？还得靠自己挣学费？"

杨安扭过头，歉意地说："早上带你过来的人就是我爸，他这人说话冷脸，你别和他计较呀。"说着，他站起身，拍拍裤子又继续去筛沙了。我坐在树荫下，愣住了，那个工程队的负责人，我知道他很有钱，可怎么会让自己的宝贝儿子来工地干苦力活儿呢？

那段时间，我天天与杨安一起干活，和他同住同吃。原来是想在他面前表现自己的优越感的，没想到，一天天被他影响了。相处的时间越久，我越佩服他。

白天，我们一起在工地干活；晚上，他预习完高一的新课程后就会帮我复习，还把他的学习方法传授给我。有时，我们也在矿区的山道上散步。静谧的夜，月光如水，我们信步而行，谈天说地，也谈未来。

和"工友"杨安相识的这个暑假，我们天天形影不离，建立了深厚的友谊。我很欣赏他，在与他相处的近40天里，我逐渐认识到了自己身上的许多缺点，比如，散漫、依赖性强等等。我正努力改正这些缺点，我要像"工友"杨安一样，做个独立、坚强，而且勇于担当的人。

选自《聪明泉·少儿版》2014年第2期

在温室里待得太久了，我们都会与社会与现实有了距离。一个人的成长是需要时间和环境的，往往我们得融入真实的生活，才能真的长大。

忽有斯人可想

文/许冬林

　　到有了一个结局，才发现身后的一切都是铺垫，长长的恩怨，不过是微笑的理由。

　　　　　　　　　　　　　　　　　　——张嘉佳

　　只是一低眉，月光片片，缤纷落于脚尖。

　　只是一低眉，那个人，便清澈浮现眼前。才下眉头，却上心头，这便是想念。

　　会忽然想起某个人。想起时，世界万籁俱寂。

　　记得一个秋天，采风，跟邻座的友人闲聊，聊写作时的状态。我说，写东西时，是一个微微低温的状态，像一片湖水笼进了暮色烟霭里，又凉又苍茫。

　　想念的那一刻，也静寂，也低温。就像清夜灯下的写作，一个人。

　　扬州八怪之首的金农，曾经在一幅山水人物画里题句：此间忽有斯人可想，可想。

　　真是有性情美的句子。看三两根瘦竹，看一二片闲云，一刹那，一恍惚，忽然就想起某个过往的人。忽然间，心如春水，就荡漾开一片潋滟波纹。

　　忽有斯人可想，斯人，是旧人，住在旧时光里，住在内心。像冬眠的爬行动物，惊蛰一声雷，他在心里软软凉凉地翻身。

忽有斯人可想，这想，既是缺憾，又是圆满。

春日迟迟，光阴寂寞慵懒，于是，出门看花。是一个人，坐车去山里，看桃花。

山色明媚，山势在阳光下绵延起伏，登高远望，一派清旷。桃花在山坡上，不是一棵一棵，而是一片一片。一片一片的烂漫云霞锦缎，点缀得巍峨大山格外有了脂粉气。

看花的人，双双对对，像《梁祝》里的彩蝶翩翩。忽然心上就漫进来一片潮润水汽，是想起他了。

那时候，彼此还年少，约过一起来看桃花。

那时候，彼此都以为，青春好长，好长啊，像花事，一场又一场。

转眼已不青春，是我一个人来看桃花。

桃花开得热烈，还是闲寂，只我一人知。

如今他在哪里呀？是否已经忘记和我一起看桃花的约定？是否，他的心已老，老得春风都已扶不动？

这样一想，心就黯然起来。眼前漫山遍野的桃花，开放的，开始一眼一眼地凋零；未开的，也幽冷得开不动了。

可是，这么多年过去，在这样盛大的春色面前，我还是想起他了。

想起他，又觉得时光已经充盈饱满。

他呀，大概就像桃花装在春天里一样，装在我的心里了。春风一起，就会想起，明艳或萧瑟，都在心里。

生命里，脚印深深经过某个人，这生命便从此着染了他的声息。不管这人和你有多少年未见，和你隔了多少条街道多少个城市，只要一想起，依然那么近，因为，都在时间里。

时间像月光，又广博又清冷，笼住了每个人。因此，我无须踮脚探询，你在哪个方向。我只要一低眉，便能感触，你和我一样，在人群中，在时间的洪流里，向前，向前。想起，便觉得温暖，也想要叹息。

大雪天，一帮子人在小酒馆里，喝酒，胡侃。空调的暖气开得好足，个个粉颊红腮，像桃花盛开，争奇斗妍。我融入其中，常常背叛，内心背叛，一阵一阵落寞。在最拥挤最热闹的场合，会内心清冷，会忽然想起某个人。

仲秋时节，月亮白胖浑圆，总喜欢一个人出去走走，总喜欢去往路灯照不见的空旷处。是为了一个人去吟读苏子的句子吗？但愿人长久，千里共婵娟。

这婵娟的白纱衣里，也有他呀。他如影随形，他化成月色，化成桃花，化成空气，化成时间……每想起，斯人皆在左右。

除岁的烟花在墨黑的夜空灿烂开放，将天空照成花园——又长一岁了！心里一叹。是啊，那个人，和我一样，又老了一岁。我们都，无声无息，无声无息地老下去，偶尔想念，忽然想念。

想念时，听听《当爱已成往事》。

有一天你会知道

人生没有我并不会不同

人生已经太匆匆

我好害怕总是泪眼朦胧

忘了我就没有痛

将往事留在风中

……

往事在风中，我们也在风中。总有一阵风，让我们与往事，睹面相逢。

已经不奢求，时间的倒流。

　　只是想想，想想而已。一凝眉，你在眼前；一低眉，你在心底。便已懂得，便已知足。

　　　　　　　　　　　　　　　选自《今日文摘》2015 年第 1 期

　　　　他们在哪里啊，他们都还好吗？我们就这样，各自奔天涯……真的，我们就这样失去了本来的面目和联系。愿岁月静好，两不相忘。

爱就是这样一路走过来

文 / 季锦

爱对了人固然是运气，若是爱错了，那也叫青春。

——独木舟

他们相识相恋于人生最美好的年华。

彼时，对方在彼此的心里完美得没有一点瑕疵。他俊朗，她秀美；他体贴，她温柔。他们爱得是那样的热烈而又真挚，尽管双方的家人都不赞同，但他们还是冲破重重阻力走到了一起。

有爱的日子是甜蜜的，真的是看水水清，闻花花香，每一天都洒满阳光。原来，爱情足以让整个世界芬芳。

然而，随着孩子的出生，生活琐事的增多，激情开始慢慢褪色。日子也开始过得不咸不淡，不温不火，随之而来的还有矛盾和分歧。

他们开始争吵，互相指责，她嫌他挣钱太少，不够养家；他说她花钱大手大脚，不会理财，一丁点儿的小事都可以闹得鸡飞狗跳。他没有了原来的体贴，她也丢失了曾经的温柔。

此时，在彼此眼里，一个变得不可理喻，一个变得庸俗不堪。很多次，两个人甚至都动过离婚的念头，可终是不舍。

就这样打打闹闹了十多年，转眼两人已奔不惑。他不再俊朗，昔日英气的脸上布满沧桑；她也不再青春，浅浅淡淡的皱纹开始悄悄爬上额头。

不知是被岁月磨平了棱角，还是两个人已经过了最尖锐的磨合期，总

— 演好自己的角色 —

之，他们的争吵日渐减少。每次看他为家辛苦打拼，累死累活，她的心里就会升起一丝疼惜；每天看她为家日夜操劳，憔悴不堪，他眼里也多了一份温柔。

她想，他是不够能耐，没能给她大富大贵的生活，可他始终背负着家的责任，给了她和孩子一份坚实的依靠，跟了这样的男人，她不后悔；他想，她是不够贤惠，没能把家打理得井井有条，但一直尽心尽力为他养儿育女，赡养爹娘，给了他一个温暖的家，娶了这样的女人，他该知足。

于是，她在不知不觉中减少了对他的唠叨，他也在无意识中收起了对她的指责。

日子还是在不咸不淡中走过，可他们却觉得自己的心情轻快了许多。他想，这就是平淡中的幸福吧；她想，这就是惜福后的知足吧。他们不约而同地收起了对对方的苛刻，多了份迁就与包容。

不知怎么的，日子变得鲜活起来。他们又像刚恋爱时那样，话多了起来，情浓了起来。随后的岁月里，他们彼此疼惜，又重拾昔日的幸福。

就这样，二十几年光阴一晃而过。他们也到了花甲之年，满头华发，步履蹒跚。如今，儿女成家，父母仙逝，该尽的责任和义务他们都已经圆满完成，只待享受自己幸福的晚年。

她报了老年舞蹈兴趣班，每天随着优美的音乐舞出对生活的热情；他则重拾了少年时期的绘画梦想，每天跟着自己的感觉尽兴涂鸦。

闲暇时，他们就坐在一起说些陈芝麻烂谷子的事，那些记忆的碎片却幸福着他们如今的每一个日子，就连年轻时的打闹，而今忆起来都觉得温馨无比。他纳闷，这么好的女人，自己当初怎么就犯浑舍得跟她吵架呢？她也纳闷，这么好的男人，自己当初怎么就犯傻对他嫌这嫌那呢？

很多次，望着她满脸的皱纹，他说："这辈子跟了我，让你受委屈了。"而每次她都笑着摇摇头，一如既往地回答："下辈子，我们还做爱人！"而后，两个人相视而笑，眼睛里流露出的爱，绝对不减当年。

婚姻就是这么一路走来，爱也是这样一路走来。从热恋到平淡，再从抱怨到惜福，历经漫长的一生，难免有磕磕碰碰，矛盾分歧。

举案齐眉，相敬如宾的爱情固然令人神往，风雨同舟，患难与共的相伴岂不是更令人刻骨铭心！每一对夫妻都是上天早已安排好的绝配，只看你是否善于经营，懂得珍惜。

选自《考试报》2012 年第 22 期

其实，如果你仔细观察就会发现，每一对夫妻在一起都是有道理的。不管是性格互补也好，还是特别适合也罢，总归是有道理的。

— 演 好 自 己 的 角 色 —

仅是一朵花开的时间

文 / 一路开花

暗恋是一个人的独舞，尽管我不会跳舞，但我已经品尝到孤独的滋味。

——佚名

不可说的秘密

我没有告诉任何人。其实，第一次帮石一鸣传纸条给莫小璐时，我就喜欢上了莫小璐。

石一鸣是我的好兄弟。我们的衣服是同一种颜色，同一个牌子，我们的发型出自同一位理发师，我们的口头禅几乎一致。最要命的是，我们喜欢的女孩儿几乎也是同一类型，当然，这一点，石一鸣不可能知道。

嗨，帮忙，快点传给莫小璐！石一鸣在背后用钢笔使劲儿地戳我的后背。我捏着他写给莫小璐的纸条说，哥们儿，你这纸条里有错别字，到底改不改啊？

石一鸣知道我的语文水平在年级名列前茅，于是，豪迈地拍拍我的肩膀说，这点小事不会还要大哥我操心吧？你改就是了！快点啊，都快下课了，你赶紧传给莫小璐。

我把纸条捏在手里，装腔作势地用碳素笔污掉几个字，重新又写上，对折平整，然后用手指戳了戳莫小璐的后背。

莫小璐每次都是一种极度哀怨的眼神回看我一眼，就不理我了。我不想因为帮石一鸣传纸条而导致她讨厌我，但我也不想因此失去石一鸣这个好兄弟，只好再次硬着头皮，戳了戳莫小璐的后背。

这一回莫小璐懒洋洋地转过头来，瞅了我一眼，接过纸条便接着做习题去了。石一鸣在后面隐隐约约地催促着问，嘿，兄弟，她回纸条了没有？我说没有，没有，你不看着呢吗？他说，谁知道你小子会不会藏起来！

每每听到石一鸣说这样的话，我心里总会升腾起一缕愧疚的青烟。因为，很多时候我帮他更改的纸条上并没有错别字，只是单纯地想要拖延时间。这样，同等时间的情况下，我就可以少给莫小璐传几次纸条，那么，她因此事而迁恨于我的概率也会大大降低。

更或者，我是想要莫小璐知道，这张纸条的功劳，也有我一份。

温而暖的受伤

凉风徐徐的马路上，我坐在石一鸣的自行车后座上，听他迎风大叫，哈哈，兄弟，莫小璐答应周末和我一起看电影了。我不作声，他以为我没听到，重复了好几遍。我暗自有些莫名的懊恼，不知为何。

石一鸣把自行车摆放妥当后，呼哧呼哧地上前追我，咬牙切齿地说，你小子今天是不是吃错药了？走那么快想干什么？搞独立啊？我在后面叫你半天你没听到吗？

一连串的问题让我有些窘迫，正在这时，莫小璐从后面轻拍了我的肩膀。嘿，李兴海，周末一起看电影好吗？石一鸣瞪大了眼睛看着我，我恍然有些不知所措。

莫小璐一面晃悠着手中的那串钥匙，一面小跑着强调，说定了啊，到时候你和石一鸣一起过来。暖光中，莫小璐的微笑与头发一起随风飞舞，夹杂着钥匙碰撞的金属声，渐渐在绿荫小道中消逝。那旖旎柔和的画面，像一朵素雅的马蹄莲一样在我心间哗啦啦地绽落。

石一鸣把住我的肩膀一本正经地问，你小子老实说，你和莫小璐之间是不是有什么不可告人的秘密？要不，她怎么会主动约你看电影？你说，你对得起哥不？

我摆脱开他的掌控，慌张地奔进教室。他在我身后一路狂追，嚷嚷地骂我是锄头小分队的队长，挖了他的墙角。

教室里，莫小璐安静地坐在那儿，午后的阳光如柳条一般细细斜斜地遮盖了她的一身。她站在窗边，冲着刚进来的我莞尔一笑，顿时，我不由自主地停住了脚步。

石一鸣从后面飞奔而来，抬起手掌，朝着我的后背便是奋力一推。若是往日，我一定会大步向前，跨上讲台，以缓解这个冲力。可今日，不知怎的，我却双脚生根，死死地僵在原地了。"砰"地一声，我的脸撞在了讲台上，莫小璐惊叫起来。

鲜红的鼻血顺着我的嘴唇和胡茬缓缓而下，暖洋洋的，像流动的温泉。石一鸣傻了眼，一个劲跟我说对不起。莫小璐打开书桌，将一包洁白的纸巾攥在手里，小心翼翼地拿出一沓，慢慢地递交给我。

我多希望，我的鼻血就这么细细地，无伤大雅地流下去，那么，莫小璐便会一直一直地帮我递这卷绵软洁净的纸巾。可惜，不到片刻，我的鼻血便渐渐凝结成块，碎碎地断裂贴服在脸上。

莫小璐说，你这样可不行，得去弄点冷水在鼻子上，这样才能彻底止住。石一鸣搀扶着我，将白衬衫上的血迹在宿舍里清洗干净。接着在我的鼻子上抹了冷水，我随便换了件同学的衣服。

那个午后，我舍不得将鼻孔里那点唯一的纸巾扯出来，就这么傻傻地任凭它堵在那儿。一言不发地坐在莫小璐后面，用嘴巴重重地呼吸。

偶尔老师会问，李兴海，你怎么了？干嘛用纸塞住鼻孔？这时，莫小璐就会以班长的身份大声地回答，老师，他流鼻血了。然后回过头来，嘿嘿地冲着我笑。

我坐在后面，呼吸更加沉重了。

三个人的电影

周末的电影院里，石一鸣忧伤沉默地举着爆米花一口一口地吃。我似乎隐隐约约地觉察到，我与莫小璐的微妙摩擦，给他带来了莫大的伤害。

黑暗中，我佯装起身上厕所，在回来时将石一鸣赶到莫小璐旁边。这样，他与莫小璐便可相贴而坐，不到片刻，两人聊得前仰后合。

我不知是石一鸣故意要冷落我，还是他不得不腾出更多的时间陪莫小璐一起上学放学，反正，后来我与他再也没一起走过。他那辆拥有宽敞后座的自行车，也常常会空空如也地擦过我的身体飞驰而去。

我想，我与石一鸣的友谊只能这样在时光中逐渐淡然而去了。至于莫小璐，我又有什么理由去接近？就当，我从来没有插入过他们彼此吧。

石一鸣的纸条依旧传得勤快，只是，再不通过我这儿。即便莫小璐就在我的前面，他也宁可递给另外一组的同学，绕上大半圈。每每看到一团用作业本揉成的纸条掉落在莫小璐的课桌上，我的心就会幽幽地疼。曾几何时，那些纸条都是由我传递过去的，如今，却是换了新人。

毕业前夕，有人说，看见石一鸣和莫小璐牵手了。我坐在夏日的窗后，冥冥有种流泪的冲动。我想，我是喜欢莫小璐的，可我更在乎那段与石一鸣保持了三年的友谊。直到看见他骑着后座空空如也的自行车也从我身旁一晃而过时，我都仍还坚信，能与他保持天荒地老的友谊。

只是，他不曾看见我，或者，正在赌气。

一朵花的花期

毕业晚会上，我鼓足勇气，唱了一首周华健的《朋友》，点名送给石一鸣。他在台下，悠然地吐着烟圈，有些晶亮的东西在他的眼角浮动。唱着唱着，我有些哽咽，那么多熟悉的面孔，将要告别。

石一鸣从人群中走出来，上前抱着我的肩膀说，我们依旧是朋友。这句平白无奇的话，竟让我瞬间大哭起来。莫小璐就站在不远处，怔怔地看着我们。直到最后别离，我都没有和莫小璐打声招呼，更没有告诉过任何人，我是那么那么的喜欢她。

石一鸣落榜，莫小璐北上，我南下。就这样，天远地别的距离，终于将我们的曾经撕扯得面目全非。就像那个午后莫小璐为我小心翼翼，温柔细致地递纸巾一样，让人忆中生寒。

网上联系旧友，无意中听闻石一鸣和莫小璐分手的消息，惋惜中又有些不甘。深夜不眠，恍惚地想，倘若当初，我不给石一鸣那一个千载难逢的机会，不去故意冷落莫小璐，那么，我会不会与她有一段刻骨铭心的恋情，并保持至今？

没过多久，我恋爱了，女友迎风飘逸的长发，哗啦啦甩钥匙的姿态像极了莫小璐。我暗自思索，倘若有生之年，我能再碰到莫小璐，那么，不管她身旁是谁，即便是石一鸣，我也一定会上前抓住她的双手，轻轻地告诉她，呵，我曾是多么多么喜欢你啊！

这样的机会，我等了足足一年，后来，临近毕业，我将女友带回家中。在市中心的一家商场里，我恍惚看到了莫小璐的影子。她穿着内白外黑的花边工作服，妖娆地站在柜台里推销化妆品，脸上，涂满了紫粉与淡绿的眼影。

我怔怔地站在电梯口，遥望着一脸堆笑的莫小璐，我多想上前去，轻轻地告诉她那个压抑在我心中多年的秘密。可是，终究没有勇气挣脱女友的双手。

穿过人群的时候，我重重地呼出一口气，像被纸巾塞住鼻孔一般。回头再望那个真实的莫小璐时，竟恍然没了想象中的怦然心动。

原来，暗恋就像一朵最为幽僻的马蹄莲，虽生于无人知晓的角落，但一样有着不可更改的花期。它再柔暖的绽放与再无意的凋零，都仅仅只能是一朵花开的时间。

选自《语文报》2014 年第 12 期

青春，不过就是一朵花开的时间。我们喜欢一个女孩子，恰巧最好的兄弟也喜欢，然后我们就错过了。可是后来发现，我们只是喜欢当初的她而已……

每个人都有不可复制的往事

文/安一朗

逝者如烟，往事无从追寻。

——席绢

一

苏庭苇刚转学来时，班上的同学就在背后嘀咕，说她一个农民工的孩子还穿得那么朋克，还有的说她长相还行，就是气质太低俗。苏庭苇我行我素，充耳不闻。她一点都没有初来乍到的陌生感，从进教室起，脸上就挂着不屑的表情。

前桌的男生很八卦，在苏庭苇来的第二天早上，他就转过身对我说："哑妹，你和那个乡下人同桌，以后有罪受了。""你才哑呢？"我白了他一眼，很反感别人叫我"哑妹"，也很反感他在背后说别人的坏话，搬弄是非。

没想到就在那当会儿，苏庭苇进教室了。她不屑地撇撇嘴，然后大摇大摆越过人群如芒的目光，"叭"地一声，远远就把手里提着的书包扔到桌子上。我吓了一跳，恼怒地抬起头想嚷两句时，却迎来她目不转睛的对视，我顿时哑了。她的气势如虹，完全把我镇住了，同时也把其他同学镇住了。

她无所谓地走过来，拍拍我的肩："借过。"然后没等我起身，硬是挤进她靠墙的位置。我呆若木鸡，思维有片刻的停滞。这女生真奇怪，比男生还大大咧咧。她穿牛仔服，板鞋，头发还精心地扎成很多小辫。

我捧着语文书，目光却偷偷在打量她，心里有些忐忑。这女生不会很难相处吧？我知道自己比较懦弱，遇事总是一忍再忍，但我知道很多时候忍根本解决不了问题。就像初中时的同桌岳长征，他一直纠缠我，给我递纸条，发短信，跟踪我回家，我再三求他不要打扰我，他却威胁我。

　　我想过要告诉老师，但又害怕他被处分。毕竟是同桌，我不想把关系搞得太僵，可后来对他稍好一些时，他却开始造谣，说我在追他，甚至还把他用手机偷拍我的照片经 PS 后贴在了学校的宣传栏里。事情闹得沸沸扬扬，我百口莫辩，成了学校最大的笑话，成绩也一落千丈……

　　"看什么看？眼睛都呆了。"在我陷入回忆时，苏庭苇突然瞪着我问。

　　我急急收回目光，盯着书，却一个字也没有看进去。

二

　　在这所普通高中，我很孤单。我感觉自己和身边的同学总是格格不入，可能是因为经历了初中时的事情吧，我害怕与人多说话，更反感主动与我搭话的男生，真有种"一朝被蛇咬，十年怕井绳"的阴影。

　　班上的同学很活跃，他们整天呼朋唤友，追逐打闹，一群人聚在一起叽叽喳喳。我一点都不羡慕别人的热闹，只沉浸在书山题海中独自快乐。身边没有了讨厌的岳长征，我感觉整个人都重新"活"过来了。只是这里的学风很差，大家都是重点高中选剩的，学习上没什么竞争对手。而我努力学习，却被其他同学认为"假正经"，他们常在背后嘲笑我。

　　苏庭苇的到来，又让我惊恐不已，看她不屑的样子，我感觉她一定不好相处。每一天我都小心翼翼如履薄冰，怕不小心招惹了她。还好，几天过去，苏庭苇虽然还是一副不屑的表情，但她没打扰我，也没有找我麻烦。

　　我还发现苏庭苇和班上的其他同学不一样，她上课很认真。虽然她总是我行我素，走路时头扬得高高的，从不主动与人说话，但一上课，她的整个神情就变了。她的思维很敏捷，老师一提问，她就举手了，而且每次都回答正确。

特别是有一次，数学老师出了一道奥数题，我还完全没有思路时，她就举手了，而且解题思路很新颖。我打心里佩服她，却没有勇气主动对她示好，虽然同桌，但我们很陌生，一直没正经交谈过。

苏庭苇到来后的第一次各科小测，我们俩的总成绩居然一样，并列第一名。有同学嘀咕，说我们互相抄袭，我很委屈，明摆着的事情，他们也要瞎说。我知道这次考试，如果我不是英语满分的话，我肯定考不过她。除了英语，她其他科目的分数都比我高。

遇见一个强悍的对手，激起了我的好胜心，我决定要好好与她较量一番。班主任像是捡了一个宝，对她赞不绝口，当然也一起表扬了我。那些平时爱抄作业的同学开始与她拉近关系，但她眼睛一瞟，转身走人，根本不搭理别人的热情。我也反感别人抄作业，早把班上的同学得罪遍了，只是我成绩好，为人低调，他们除了叫我"哑妹"外，倒也没有为难我。

我感觉得到对于和苏庭苇并列第一，她是吃惊的，她肯定没想到，平时闷声不响的我居然会是她最强劲的对手。而和她在课堂上积极回答问题形成鲜明对比的是，我从来不主动举手。我读懂了她眼神中流露出来的信息，在她邀我放学一起回家时，我接受了。

我们的友谊建立在互相欣赏上。她说我和其他城里人不同，说她反感聒噪的人，喜欢我安静的样子。我没想到她会这样说，脸微微烫了起来，只是她的真诚我能感知。我也很喜欢她那副无所谓的心态，喜欢和讨厌都表现得那么坦然。

三

和苏庭苇熟悉后，我感觉到她并不是表面上看起来的那样，她其实是个有些忧伤的女生。只是她把这一切都用她的伪装掩盖了，她不想让别人看见她的脆弱。

和所有女生一样，苏庭苇也爱美，但家里经济拮据，她不可能去买那些漂亮的公主裙，唯有牛仔服耐穿，而且好搭配。她一直跟着在城里打工的父母东奔西走，去过几个城市，转过五次学，身边从来没有什么要好的朋友，和以前的同学根本没联系。

她总是转学，熟悉一群人后又要离开，然后再融入。小时候，因为是外来农民工的孩子，她常被城里的同学欺负。后来长大了，她学会了用漠然和排斥的方式面对身边的城里人，以为这样就可以保护自己。

她对城里的学生有一种天然的抗拒，我知道这和她一路走来在城里遭到的白眼和冷漠有关。只是我没想到，她居然接受了我这个城里的孩子。

"我听过班上的同学讲你以前的事，知道你是个善良的人。同桌一段时间以来，我也感觉得到你和其他城里学生不一样……"苏庭苇平静地说。

听她说到我以前的经历，我沉默了，脸却涨得绯红。

"不能太软弱，只有让自己变得强大起来，才可能得到尊重。"苏庭苇继续说。

她一直很努力学习，成绩很好，但每一次转学，父母都要费尽周折，到处求人。如果可以安定下来，她父母也不愿意她这样一次次转学，但作为建筑工人，哪儿有工程就得跟着工程队一起走。

苏庭苇说，乡下人没什么本钱，想单枪匹马在城市里打拼太难了，可能连个工作都找不到。她的父母没什么文化，除了建筑工，别的也干不了。看着父母每天那么辛苦，却挣不到什么钱，她就在心里告诉自己，一定要好好学习。只有考上大学，才会出人头地，才能分担父母的艰辛……

苏庭苇还告诉我，她的父亲年轻时特别喜欢唱《冬季到台北来看雨》的孟庭苇，20年过去了，父亲满脸沧桑，孟庭苇却依旧不老。因为父亲的喜欢，在她出生时，便给她起名叫"庭苇"。苏庭苇学会了所有孟庭苇的歌，在父亲忙了一天回来时，她会轻声为他唱上一首，她知道那一刻，父亲是开心的，很满足。

"每个人都有不可复制的往事，你是，我是，父母也是，我们都将背负着自己的梦想努力前行……"苏庭苇讲到后面时，声音渐渐哽咽。

　　我明白苏庭苇的忧伤，就像当初我被众人嘲笑时，那种彻骨的心痛。

　　我们约定好，做最强劲的对手，亦是最好的朋友。我相信一定可以的，因为我们都有一段不可复制的往事，我们需要真正的友谊，我们懂得珍惜，我们有相同的梦想。

　　最重要的是，我们读懂了彼此间的真诚，惺惺相惜。

选自《初中生之友·中旬刊》2016年第4期

　　往事随风，那些曾经不愉快的东西，就让它搁浅在我们的记忆深处吧，珍惜美好的友谊才是最重要的。

满大街都是陌生朋友

　　就像仙女的魔盒被打开，贺卡一张又一张地飞到罗根手里。那几天，罗根家的门铃一直响个不停，邮递员一次又一次把贺卡送进来，到最后，连邮递员都非常惊讶地说："罗根，生日快乐，你的朋友好多啊！"这些贺卡，每一张都非常精美，有风景有人物，让人爱不释手。那些祝福的话也非常美好，像蜂蜜一样，让人心底生出无限的甜蜜。落款更是五花八门，几乎囊括了世界各地。

月亮的光芒

文 / 李莉

环境影响人的成长，但它实在不排挤意志的自由表现。

——车尔尼雪夫斯基

一

我是陈晓星，姐姐叫陈新月。我一直佩服我爸取名有预见性，大我两岁的姐姐开朗、漂亮，如同一轮明月，而相貌普通、性格内向的我就是明月旁的一颗小星星。

姐姐喜欢唱歌跳舞，成绩优秀，朋友很多；我喜欢静静看书，悄悄写作，朋友很少。父母很担心我，总是对姐姐委以重任："新月，你要去玩就带上你妹妹。你要带妹妹多接触人，她这样一天到晚窝在家里，性格要自闭的。"要不就是："新月，你教妹妹唱歌嘛，她一天到晚不吱声，这性格不好。"这些话，让我听出父母的担心，也让我感到自己性格有缺陷。

可人的性格仿佛天定，人的爱好本不同，我不喜欢变成姐姐那样，哪怕她很优秀。

我愿意做一颗安静的星星。

可是，有件事真的刺激了我的自尊，让我看到自己在父母心里的位置。

高中那会儿，学校组织了文娱社，我姐被老师推荐参加了。回到家，

— 演好自己的角色 —

她高兴地对爸爸说起了这事。

爸爸喜上眉梢，然后问："你妹参加没？"

"没有，这是老师推荐的。"姐说。

爸爸沉吟一会儿，眼一亮，对姐说："这样，你对你老师说，让老师也让你妹参加，就说是搭一个嘛。如果老师不同意，你就说你不参加了。"

爸爸无心的话让一旁的我心里一凉，我什么时候变成"搭头"了——我们那儿卖菜的，喜欢将好卖的菜"搭"点不好销的东西一起卖。原来我在我爸心里，就是那"滞销货"，需要同优秀的姐姐"搭"在一起才能推销出去。

"我不去。"我瞪了他们一眼，转身回到自己的屋里。

"对她好，她还来脾气了……"爸爸不解的声音传来。那种猝不及防的挫败感，让我的泪一下涌了出来。

为了避免姐姐的光芒刺伤我，我开始疏远姐姐。

好在姐姐读大学了，尽管她总打电话来汇报她的进步，可是毕竟距离我远了，我可以暂时淡忘她的优秀。

两年后，在我填高考志愿时，父母希望我填我姐读的学校，理由是，我姐现在已是学生会的主席，她好关照我。

尽管不愿意，但我还是顺从了他们，又当了我姐身边的星星。

父母送我到学校时，当着我们姐妹的面，对我说："你在学校，对别人介绍自己时，一定要说你是陈新月的妹妹。这样别人就会对你刮目相看了，以后机会也会多很多。"他们没注意到原本笑意盈盈的我，神色又暗淡下来。

那个陈新月的光芒没照耀我，我却活在她的阴影中。

我姐没接父母的话，只是握住我的手，温柔地牵着我。

二

住校的生活，让我能静下心来看书了，我也试着写文章。

学校出版一本校刊，我盼望自己的文字能出现在上面。

有时我想，如果我在投稿时，附言中遵照爸爸的设计，写明我是那个名扬全校的陈新月的妹妹，会不会就能顺利见刊？

但是，这不是我的性格，我要凭自己的能力，绽放出自己的光芒。

我没托我姐给别人打招呼，没给自己贴名人之妹的标签，便将我用心写的文章投了出去。

两星期后，当我见到班长领来了崭新的校刊时，我的心怦怦直跳，装着漫不经心地拿过校刊，慢慢翻看，猛地心里一热——我写的那篇文章就在上面，我的名字就在上面。

一直觉得暗淡的自己，原来竟不是那么差，我幸福得有些眩晕，内心酸楚而又满足。

但是，我没有急着打电话给父母报喜，也没有告诉姐姐这事，我想他们也不会在意我取得的这小小的成功吧。

第二天，我到学校的花园里静静地看书，身边有几个女孩在大声议论着。一个女孩说："你认识陈晓星不？校刊上她的那篇文章写得真好。"另一个女孩说："写得真不错，我读了很多遍，最经典的那几句我都快要背下来了……"

然后，她竟一字一句地背出我写的一些句子，那种被人认可的喜悦弥漫全身，又听一人插话："听说她是陈新月的妹妹。"我心酸地笑了，原来我真的被贴上了这一标签。不料那俩女孩同时说："陈新月是谁？"

猛然间，如醍醐灌顶，我的心豁然一亮：原来，也有人不认识姐姐，我也有自己的"粉丝"。星星完全可以发出自己的光，而且这光可能更迷人，更有感染力。她们的一席话，让我从姐姐和家人给我的阴影中彻底走出。我含泪而笑。

我感激地看了眼旁边的三个"粉丝"，那一瞬间，我记住了她们的样子，因为她们可能会改变我的一生。

在她们那不经意的鼓舞下，我开朗了，也有了自信的笑容。

我的文章不仅见诸校刊，也开始刊登在全国的报纸、杂志上。

我交了很多爱好文学的朋友。

星星，开始绽放出自信的光芒。

但是，面对着亲人，面对着姐姐，我仍无法释怀。我发表的文章，从不给他们看。

他们，不会认为我优秀；他们，只看重那个能歌善舞的新月。

他们，从不知道陈晓星也会放歌，只是，她是用自己的文字。不是所有的音乐都有声音，这世界，表现美的方式多种多样。

姐姐依然那么关心我，她总是到我的宿舍来嘘寒问暖，有时，她还会给我带来一些她买的书。那都是她不爱看的书，我知道她是特意为我买的。

我心里的块垒在她春风化雨的关怀下，渐渐开始消融。

三

姐姐要参加工作了，假期里，为了庆祝姐姐找到工作，爸妈让姐姐请了她的好友到家里吃饭。

姐的人缘真好。一下子，家里来了十多个她大学时的朋友，大家齐聚一堂，热闹非凡。

我也真心为姐高兴，帮着爸妈招呼客人，不料，在客人中，我竟然见到那三个女孩。我有点傻眼，那三个女孩我一直都忘不了，她们不经意的话，让我明白自己有多优秀，让我明白，我也有自己的"粉丝"。

如今，我的疑似"粉丝"就在身边，其中两个还说自己不认识姐姐，可她们同姐姐在一起玩笑时，我一眼就看出她们本是好朋友。

我给她们递上削好的苹果，脸上有藏不住的困惑。

她们见了，乐了。

其中一个说："晓星，你现在快成作家啦。你真了不起，难怪你姐一直以你为荣呢。"

什么，我这么优秀的姐姐竟以我为荣？我诧异极了。

"我还记得你在校刊上发表第一篇文章时，你姐在宿舍里的那个高兴劲儿。她一直在读你的文章，一遍一遍地读，读得我们全宿舍的人都能背你的文章了。她还说，她妹妹很优秀很优秀，只是这种优秀没被完全开发，如同一块没打磨的美玉。"

我的真正的粉丝竟然是姐姐！我吃惊地看着姐，她微笑着朝我看，那笑的光芒，温暖而美丽。

"然后，你姐安排我们到你常去看书的地方，背了一些她精心设计的台词，故意让你听到。我们不知道这些台词背给你听有什么用，但是蛮好玩的，我们也演得很投入……"姐姐没料到她会提这事，忙去拉她的手，想制止她再说下去。

我明白了，那天，能支撑起我的信心，能让我摆脱掉多年心理阴影的"巧遇"，竟全是姐姐精心设计的"骗局"。

如今，性格阳光，自信盈怀的我静静地看着那年的那个"骗子"和她的朋友们。

我自嘲地说："我还以为你们是我的粉丝呢。"

姐姐尴尬地说："晓星，你的确有粉丝，真正的第一个粉丝，那就是我。"

我抱住了姐姐。这么多年，我第一次抱住了这个曾经在这个家里让我感到光芒万丈，却又让我敬而远之的人。

我们两姐妹，笑得阳光灿烂。

我觉得真幸福，谁曾想到在星星懊恼着月亮太耀眼，掩盖了自己的光芒时，那可爱的月亮，却一直用亲情之光在悄悄地照耀着星星，让那颗一直自卑的星星在爱的光晕中，折射出了自己的光芒！

选自《意林·少年版》2015 年第 18 期

　　我们身边总是不缺乏带着耀眼光芒的月亮，它使本就黯淡的我们更加敏感自卑。本能的嫉妒和倔强蒙上了我们的双眼，使我们只感到了光芒的刺痛，却看不见光芒亦温柔地照亮我们本身。

一架纸飞机的航向

文 / 李莉

天才，就是强烈的兴趣和顽强的入迷。

——木村久一

一

儿子元元三岁那年，他见到元元正好奇地翻弄着一张白纸，心里一动，走了过去，对元元说："来，儿子，爸爸教你折纸飞机。"元元妈在一边惊讶地表示反对，说："这么小的孩子，怎么会折纸？你教不会的。"

他瞪了元元妈一眼，责怪道："你动摇军心，没有学怎么可以下定论？我的儿子我清楚。"听着他义正词严的话语，元元妈没再多说什么。

他按步骤耐心教，元元笨拙地跟着做，最后，元元真折出了一架粗糙的纸飞机。

颇有成就感的他，准备顺势在儿子面前显摆一下自己的军事知识，再讲讲飞机的种类。元元的心思却完全没在飞机上，他一边玩弄着手中的纸飞机，一边兴奋地问他："爸爸，你还会用纸折什么？都教教我。"

那架纸飞机让元元从此与折纸结了缘。

二

元元开始迷上折纸，家里的白纸都被元元搜罗来递给爸爸，鼓励爸爸

演好自己的角色 —

想出更多的东西教他折。

于是，他回忆起了童年时折的纸船、纸电话、纸小狗……父子俩头挨着头，一步步地教和学。元元的手越折越巧，学得越来越快，一个月不到，他会的折纸儿子全学会了。

他搜肠刮肚地在记忆中搜索自己会的折纸，到最后却只能承认，自己的看家本领儿子全会了。

技穷的爸爸和妈妈带着元元来到书店，为元元买来了好几本儿童折纸的书，然后，爸爸又教儿子如何看图折纸。

元元在他的帮助下，竟然能独立地看着书折了。不久，那些他也不会折的纸蝴蝶翩然出现在儿子的手中，在儿子笑意盈盈的脸上，他感受到了长江后浪推前浪的喜悦。

三

一晃，元元上小学了。

这时，他才觉得当初教元元折纸飞机原本就是一个错误。

元元成了折纸控，店里卖的所有的折纸书里教的折纸技巧，他全学会了。本来不大的房间里摆满了元元的成型了的、待成型的折纸作品，桌上、床上、地上……到处都是，一向有洁癖的他见到这些东西很是心烦。

最可怕的是，老师频繁请家长，告诉他元元上课也在折纸，他开始对元元这一爱好产生了强烈的反感。

当元元又在家里埋头折纸时，他终于爆发，对元元愤然吼道："不要折纸了，家里的折纸堆积如山，你上课也不专心，折纸能为你成绩加几分？要将心思用在学习上！"

元元申辩："我折的第一架纸飞机还是你教的呢。"

他恼怒地一挥手，说了句元元觉得云里雾里的话："这是一架偏离航道的纸飞机。"

是啊，如果说学习功课是学生的航道，元元的这一兴趣已经偏离了航道。

元元见到他暴怒的样子不敢言语，悄悄地将纸收了起来。从此，元元不再在他面前折纸。

但他不知道，元元妈却与他背道而驰，悄悄地支持着元元。他不在家时，元元在妈妈的掩护下，在网上搜折纸视频学折纸，他掌握了很多折纸知识，还学折了不少国外的折纸作品。

元元妈还将元元的最新折纸作品拍照发在自己的微信上，邀请朋友们为其点赞，然后每晚母子俩都悄悄地数这些作品赢得了多少赞，自娱自乐一番。

四

元元读小学三年级时的一天，他带元元上街去玩。下楼时，进了电梯，电梯里也有一个孩子，手中拿着折好的绿色纸青蛙，栩栩如生。

元元盯着这纸青蛙分析，那复杂的折痕不像是用一张纸折成的，似乎是用几张纸粘接而成，于是好奇地问："你这青蛙是用一张纸折成的吗？"

孩子点点头。

元元在一旁说："你这种折法，是日本的神谷折纸吧？"孩子如同发现了宝藏，惊喜地说："是的，你怎么知道？"

元元遇到知音，浑然忘记了旁边站着反对自己折纸的爸爸，滔滔不绝地说："我在网上看到的，我也会折，其实折纸本来起源于中国，但是将其发扬光大的却是日本。可惜我们中国人自己将这项技艺慢慢丢弃了，中国至今没有国家级折纸协会，我长大了，一定要成立中国折纸协会，教大家折纸。"

在那一瞬，他想起自己小时候痴迷看军事方面的书，买来了一本又一本的军事杂志，对军事知识了如指掌，倒背如流，而父母却反对他对这爱好的痴迷。说这方面了解得再多，考试时也不能多加几分，应该把时间用在学习上。什么时候，历史又重演了呢？

回来的路上，遇到有人发广告传单，从来都不接这些广告单子的他来者不拒，一一收下。回到家时，他将那些彩色的单子随手递给儿子，说了句"给，折纸用"。元元惊喜地望向他，他却不看元元，径直换鞋进屋。

五

元元妈惊讶地在微信上发现有人在元元作品下留言，说："我想请你儿子给我们幼儿园的孩子上一节折纸课，我会给你儿子一件小礼物作为报酬哦。"定睛一看，留言的是本城一家私立幼儿园的园长。

竟有人邀请十岁的儿子去讲课，这是多大的荣耀！元元妈迫不及待地把这事告诉了儿子，元元激动得跳了起来："耶，好棒哦，我有工作了。"

元元妈觉得这是锻炼孩子能力的好机会，元元性格内向，如果有勇气站在讲台上讲课，这就是一种成功。何况现在正好暑假，小学放假，而幼儿园有假期班，不会耽搁元元学习。她欣然同意了。

元元的第一节课是教小朋友们折纸飞机，他站在讲台上，举起一张纸，耐心地示范折纸的每一个步骤，认认真真地讲解。

窗外站着元元妈，她看着儿子，想起了多年前儿子折的第一架纸飞机。那时，他的小手是多么的笨拙，他的神情是多么的认真，一如现在坐在下面的小朋友们。而今，儿子真的长大了，她的心里升腾起温暖和感动，眼眶慢慢地湿润了。

元元和妈妈谁也不知道，就在这时，元元爸正递给园长一本在网上买到的《神谷折纸》，这是一会儿园长要给元元的礼物。

一个月前，元元爸无意中从同事的微信中看到元元妈上传的元元的作品。他从那些精致复杂的折纸作品中，惊讶地发现元元的梦想并没有因他的反对而搁浅，反而如飞机一样平缓飞行，随风直上，他坚硬的心忽然变得柔软了。

上个星期，他私下里联系了初中时的同学——这位幼儿园园长，为元元创造了讲课机会。

在《神谷折纸》的第一页，他一字一字地写下："没有一架承载梦想的飞机是偏离航道的，只要它肯飞。"

选自《37° 女人》2015 年第 1 期

有梦想是幸福的，没有梦想的人像一个没有灵魂的人。父母则是梦想的第一个守护神和见证者。

— 演好自己的角色 —

白菜也有颗美丽的心

文 / 君燕

人不可貌相。

——冯梦龙

一

当苏美丽乐颠颠儿地搬着凳子坐到我旁边时，我厌恶地把头转向了一边。全班的同学我都不喜欢，苏美丽同样也不例外，苏美丽名字叫美丽，但是她一点也不美丽。高高的额头上耷拉着几根稀疏的黄头发，塌鼻子下的厚嘴唇中隐隐地露出两颗大门牙，一笑起来，活脱脱一个兔八哥。

可笑的是她好像并不在意，整天乐呵呵地向人们展示她的大门牙。苏美丽很白，但身材又矮又胖，加上她不敢恭维的五官，我突然想到了菜市场里随意堆放在墙角的大白菜。可不是吗？真像！

看到我笑出了声，苏美丽又咧开了嘴："笑什么呢？""大白菜，哈哈，你是大白菜！"我指着苏美丽大声说道，教室里的同学闻声都起哄般地跟着笑了起来，苏美丽的脸涨得通红，尴尬地低下了头。

谁让你去老师那儿要求做我同桌的，哼，我自己一个人坐多清静！看着苏美丽的样子，我恨恨地暗想。

没想到此后，"大白菜"成了苏美丽的代号，同学们从一开始在背后偷偷地叫到后来明目张胆地当面叫她。对此，苏美丽竟然一点也不生气，有时还露出她的招牌笑容痛快地答应着。这个傻妞，简直傻到家了，我不由得对她嗤之以鼻。

二

这天放学后，苏美丽又露出了她经典的大白牙对我说："我去你家做作业吧。""什么？"我吃惊地瞪大了双眼，简直怀疑自己听错了，难道她没有看出我对她的厌恶？还想要到我家里去！切！我用高昂着的头和一脸不屑的表情表明了我的态度。

"让我去不？"没想到苏美丽竟然不识趣地追问我，这不是自取其辱吗？"NO！"我毫不客气地吐出了这个字。我已经很长时间没做过作业了，反正没有人管我，奶奶又不识字，老师也拿我没办法。

快到家时，我才发现苏美丽竟然跟在我身后！"你跟着我干吗！讨厌！"我简直是气急败坏地冲着苏美丽嚷嚷道。苏美丽对我的恶语相向竟毫不在意，她调皮地吐了吐舌头说："我送你回家呀，我是你的'护花使者'！"

"不可理喻！"面对苏美丽的死缠烂打，我也无可奈何，只好丢下一句话，转身进家，顺手把房门重重地带上了。至于门外的苏美丽会有什么反应，那我就管不着了。

三

我的行为好像激怒了苏美丽，她似乎憋足了劲儿跟我对上了。上课时，每当我做小动作或者想睡觉时，苏美丽都会在我的大腿上使劲地拧一下，痛得我眼泪都快掉下来了，却也只能忍着——老师正用严厉的目光看着我呢！

有时我不想上课，就悄悄地躲在寝室里看课外书，往往没看上几页，就听到苏美丽高音喇叭似的叫喊声。我真纳闷儿，我的名字到她的嘴里怎么就变得这么难听了呢？反正不管我在哪里，苏美丽都会像影子似的跟着我，害得我再也不能像以前那样随心所欲地偷懒了。

虽然我对她恨之入骨，却也拿她没有办法。都说伸手不打笑脸人，我总不能在她微笑的脸上打一巴掌吧！再说，无论我怎么骂她、羞辱她，她都不会生气，简直就是一个打不死的小强！

不过，我似乎发现了一个现象：自从苏美丽跟我耗上之后，老师批评我的次数少了，连看我的眼神都跟从前不一样了。难道我被苏美丽气糊涂了，产生幻觉了吗？

四

晚上我刚到家门口，苏美丽又不知道从哪里冒了出来。惹不起，我还躲不起吗？打开房门我还没来得及关上，苏美丽便甜甜地对着门里叫了一声"奶奶"。"哎，美丽来了呀，快进来！"看着奶奶热情地招呼苏美丽，我彻底蒙了。

奶奶笑着对我说："妞儿呀，你这个同学可乖了，每天中午她都来陪奶奶聊天，还抢着帮奶奶干活，我看你这个亲孙女都不如人家呢！"怪不得呢，原来苏美丽趁着我中午在学校吃饭，偷偷地溜到我家来了。这个苏美丽，简直阴魂不散了，真不知道她搞的什么鬼。

"奶奶，我是来请燕子教我写作业的，好多东西我都不会呢！"苏美丽掏出作业本跟奶奶说。听了苏美丽的话，奶奶高兴得都合不上嘴巴了："那太好了啊！燕子学习还好吧？唉，她父母都不在身边，我也帮不上什么忙，希望不要耽误了孩子呀！"

奶奶的话让我心里突然有些难过，父母离婚后，也顾不上管我，只有奶奶依然像以前那样疼爱我。这些日子，可把奶奶累坏了，她拖着年迈的身体做家务，还要照顾我，奶奶的腰累得好像更弯了呢。可是，我一点都不让奶奶省心，还净给奶奶添麻烦。

我突然想，要是最爱我的奶奶也离开我，我该怎么办呢！自私的我只知道自己伤心难过，却没有想到其实奶奶也承受了巨大的痛苦和压力呢！

为了奶奶，我再也不能这么消沉下去了，我要振作起来，更要多多地孝敬奶奶。没想到苏美丽倒比我这个亲孙女更知道心疼奶奶呢！这时，我看着苏美丽脸上的笑，突然觉得不那么讨厌了，而她露出的两颗大门牙，现在看起来反而觉得挺可爱的。

我和苏美丽坐在桌前，探讨着作业，其实更多的时候，是我在向她请教。苏美丽耐心地给我分析，帮我解答，不大一会儿，作业就完成了。我惊奇地发现，平时那些让我头疼的作业其实做起来也挺有意思的。

五

期中考试时，我的学习成绩有了很大的进步，看着成绩单上鲜红的分数，奶奶乐得眯起了眼睛。而此时，我和苏美丽已成了很要好的朋友，上下学都一起，甚至去厕所都要一块儿去，几乎成了"连体婴儿"。

每天放学后，苏美丽还会跑到我家里来，和我一起帮奶奶做家务，奶奶常常被我俩逗得哈哈大笑。而且在苏美丽的带动下，我跟班里的同学也都打成了一片。老师和同学们都说我变了，变得更活泼，更讨人喜欢了。

苏美丽趴在我的耳边，对我说了一个秘密。原来前段时间，因为父母离婚，我受到了很大的打击，情绪陷入了低谷，对学习也产生了厌倦。苏美丽听说了我的事情，便跟老师主动请缨，要求做我的同桌，说要帮我走出困境。于是，就出现了开头对我死缠烂打的情景。苏美丽的话让我又感动又愧疚，眼泪情不自禁地流了下来。

晚上，奶奶留苏美丽在家里吃饭，其中有一盘菜特别好看，像一朵朵娇艳欲滴的花儿。我尝了一口，又鲜又嫩，好吃极了。我疑惑地问奶奶是什么菜，奶奶笑着说："傻丫头，这是白菜心呀！"

白菜心？我顿时呆住了，看起来那么普通甚至毫不起眼的白菜竟然还有这么美丽的心？"孩子，看东西不能光看外表，很多看似普通的东西其实

　　— 演好自己的角色 —

内心里是最可爱、最美丽的。"奶奶的话让我沉默了，抬头时，正好看到了苏美丽微笑的脸庞，我顿时明白了：其实，苏美丽就像是一棵普通的白菜，外表平凡，但内心却无比的美丽。

选自《少年文摘》2015 年第 2 期

鸟美在羽毛，人美在心灵。如果我们因为相貌就去排斥一个人，那只能说太不成熟了。

成长的第一课

文 / 夏丹

人类被赋予了一种工作，那就是精神的成长。

——列夫·托尔斯泰

那时，他是全校出了名的"问题学生"。

他爸爸是学校附近的澡堂老板。说是老板，其实不过是个事事都得兼顾的搓澡工。

澡堂虽说在学校对面的巷子里，但由于占地面积较大，澡堂又是按男女各一楼来修饰的，所以，每年的租金都是一笔不小的数目。

澡堂属于营业机构，因此所有的电费水费都是按工业单位的标准来收取。为了节省开支，他爸爸去钢铁厂订做了一套大型锅炉，把原来用电发热的设备卖了出去，全部改用煤火烧水。

煤火也是一笔不小的开支啊。尤其现在资源紧缺，煤价逐日上涨，因此，扣除每月的必要开支，所剩利润也就寥寥无几。

幸好他爸有一套搓澡的好手艺。闲暇时，他爸又苦口婆心地教他妈妈，也是出于这样的缘故，男女澡堂才不必另请工人。这一块体力活的收入，也就勉强改善了生活状况。

周末的时候，我经常拿着块毛巾去他爸爸的澡堂里洗澡。一是便宜，二是离家较近，不过，很少有机会碰到他。

平日里，大家几乎都没什么时间，学校也不放假。所以，什么逛街、买衣、洗澡、上网的事情，全都只能排在周日下午。

下午两点一过，澡堂绝对站满了乌压压的人。水龙头不够用，没办法，只好和几个相熟的朋友挤在一起凑合凑合。

这是他爸妈最忙的一天。由于洗澡的人多，早上四点就要起床准备，开炉，生火，铲煤，冲澡堂。有的时候，还没忙完，学生的大潮就来了，一个跟一个，一帮接一帮。饭都来不及吃，又得接着忙活。

学校里不乏家庭富裕的公子哥儿。这些人有钱，又喜欢享受和摆阔，因此一去就是狐朋狗友一大帮，人人都抢着要搓背，人人都抢着要按摩。

我对他爸爸的头发印象特别深刻，因为淋浴这一排的水龙头恰巧对着那两张专门给富家公子躺着享受搓背的皮床。

他爸爸的头发经常都是湿的，那些大滴大滴从发根流向发梢的晶莹液体，绝对不是澡堂里的水蒸气。

以前还觉得奇怪，为什么周末洗澡的时候碰不到他？后来才听说，他从来不在家里洗澡。学校里的问题学生，从来都不是一个单独的个体，他们彼此之间称兄道弟，要好得如同一家人。这群人里，有不少是出手阔绰的富家子弟，他几乎每周都能跟着沾上光，去市区的酒店里泡泡桑拿。

如果不是看到澡堂门口的花圈，谁也不会相信那年冬天他爸爸去世了。据说是拉煤的卡车在下煤的时候没刹稳，结果他爸爸不仅被卡车向后的冲力撞得飞躺在煤堆上，还被整车黑煤活活地埋在了大冬天的寒风里。

当司机和他妈妈把煤刨开的时候，他爸爸已经断气了。身上穿着的，仍然是那套蓝色的帆布工作服，手上还戴着铲煤要用的防滑手套。

生活的重担一下子全压在了她妈妈身上。一个毫无依靠的妇道人家，要把这么大的一个学生澡堂操持好的确不是件容易的事。不说别的，光每月的那十几吨的煤，都够她不眠不休地铲上几天。

一夜之间，他似乎变成了另外一个人。他不再吵闹，不再任性，不再和任课老师拌嘴，也不再和那帮狐朋狗友称兄道弟。平日，他安静得像个得了抑郁症的孩子，而周末他穿起他爸爸的工作服，带上手套，把需要搓背的客人伺候得笑声连连。

后来，他考上了一所普通的本科院校，临行前，他妈妈前去送他。这位连爸爸去世都没有掉泪的少年，竟在离别的车站哭成个泪人。

进入大学之后，他不但主动申请了助学贷款，还利用课余时间勤工俭学，往家里邮些生活费。

每次去他家里洗澡，他妈妈都要拉着我吃饭，让我帮忙写回信。

他大二那年，我刚巧高中毕业。由于分数不是特别理想，所以，我给他打了电话，征求下意见，看到底报什么学校比较好。

那次他跟我说了很多话，但大部分都是在请求我帮忙照顾他妈妈。谈话结束之前，我问了他一个问题："我说，你觉得成长的第一课应该是什么？勇敢、坚强，还是懂事？"

他给我的回答，我至今仍然记忆犹新。他说："成长的第一课，不是学会停止悲伤的泪水，而是懂得如何用责任与力量保护自己最亲的人。"

选自《优格》2012 年第 6 期

> 我们都叛逆，曾在那些不懂生活的时光里，跌跌撞撞，但是总会成长起来的。担负起家庭的责任，照顾好自己所爱的人，成为真正的男子汉。

满大街都是陌生朋友

文 / 汤园林

四海之内皆兄弟。

——孔子

厨房的窗子正对着小区大门，做饭时偶一抬头，看见一辆三轮车进了门，一个小女生跳下来，是女儿。

她没有第一时间往家走，而是站在原地和三轮车夫热络地聊了起来。聊了足有五分钟之久，才和对方挥手道别。

我的火气比炉中的火还要旺，这丫头，跟她交待多少遍了，别随便和陌生人说话，她全都当作了耳边风。

女儿属于"人来疯"的类型，不论男女老少，她都能和人家搭上腔。最让人担心的是，即使在站台上等车，她也能迅速和身边的陌生人攀谈起来，并很快把对方视为朋友。

上次，带她出去吃自助餐，她和同桌的一个小伙子聊了有一顿饭的工夫，不但把自己的手机号码告诉给对方，临走时还再三叮嘱人家："记得给我打电话！"

上上次，到服装店买衣服，她和卖衣服的姑娘聊得火热，结果，人家推荐什么她就要什么，还振振有词地说："她是我朋友，推荐的肯定好！"

现在，她又和一个三轮车夫成了朋友，怎么能叫人放心？她双脚一踏进家门，我就暴跳如雷地吼："跟你说过多少次了，别随便和陌生人说话，你这样迟早会上当受骗的!"

她噘了噘嘴,一副不以为然的样子,小声嘀咕:"我不是没上当受骗嘛,别以为人人都像你想的那么坏!"

我无言以对,隔天,带她出去散步,走在大街上,她忽然说:"那个是我朋友,我过去打个招呼。"

她跑过去,向对方问好,对方怔怔地看着她,显然,已经记不起来眼前的小丫头是谁了。女儿连忙报上姓名,可对方仍然一头雾水,无奈,女儿只得重新介绍自己,并在马路上和对方聊了一分钟。

终于逮着个教育她的机会,那人一离开,我就语重心长地说:"你把人家当朋友,可人家根本就没把你放在心上,以后,别随便和陌生人做朋友了。"

"这有什么,大不了重新认识一次。"女儿一脸轻松,好像刚才的经历根本没有让她产生半点尴尬和不快。"满大街的人,其实都可以成为朋友啊。"

"你为什么这么喜欢交朋友?"我有些恼火。

"多交朋友有什么不好?上次我迷路了,就是一个骑电动车的朋友送我回家的;上上次我想给你打电话,但手机没电了,就是一个朋友帮我打的;上上上次,我买书时钱不够,就是一个朋友借给我的。而这些朋友,跟我都只有一面之缘,在你看来,这些人肯定都不怀好意或另有所图。事实上,他们就是纯粹地帮助我,没索取任何回报。"这一连串的"故事",确实听得我心惊肉跳。

"妈妈,在你看来,满大街都是坏人,我们随时都可能被坏人欺骗利用。生活在这样的世界里,你不觉得很可怕吗?"女儿反问。

我一时语塞,在我的眼里,女儿的行为很危险。而在女儿眼里,我的行为就像一个套中人,用冷漠将自己严严实实地裹了起来,避开了危险的同时,也避开了所有的美好。

正因为像我这样的大人越来越多，生活的世界才如此冷漠，而如果像女儿这样的人越来越多，这个世界肯定会繁花盛开。

我忽然觉得，那些固定的思维很可怕。那一刻，我看着熙熙攘攘的人群，心里被柔情填满，他们，不是毫不相干的路人，而是一群陌生的朋友。

选自《经典阅读》2014 年第 4 期

茫茫人海就像一片戈壁滩，我们就是滩中的沙砾，不过有你的陪伴使我不再感到渺小和孤独。

三千份生日礼物

文 / 闫莹莹

　　全世界的母亲多么的相像！他们的心始终一样，每一个母亲都有一颗极为纯真的赤子之心。

——惠特曼

　　离十二岁生日还有一周时，美国男孩罗根忽然收到了一张贺卡。那是一张充满了异域风情的卡片，粉嫩的色彩，美丽的图画，背面写着一行略显生涩的英文：亲爱的罗根，生日快乐！落款是：来自挪威的朋友。

　　罗根在脑海里不停地搜索，始终也想不起来自己何时认识过一个挪威的朋友。从出生到现在，他从来没有出过国，甚至很少走出家门，准确地说，他根本就没有一个朋友。

　　但是这张莫名其妙的贺卡还是让罗根喜不自禁，他翻来覆去地看了一遍又一遍，直到睡觉时也不肯放下，嘴角含着一抹满足的笑。

　　第二天，罗根居然又收到了一张贺卡，上面也写着祝他生日快乐，落款是一位来自爱尔兰的朋友。

　　就像仙女的魔盒被打开，贺卡一张又一张地飞到罗根手里。那几天，罗根家的门铃一直响个不停，邮递员一次又一次地把贺卡送进来，到最后，连邮递员都非常惊讶地说："罗根，生日快乐，你的朋友好多啊！"

　　这些贺卡，每一张都非常精美，有风景有人物，让人爱不释手。那些祝福的话也非常美好，像蜂蜜一样，让人心底生出无限甜蜜。落款更是五花八门，几乎囊括了世界各地。

罗根很疑惑，这些人怎么知道自己要过生日呢？他们为什么要寄贺卡给自己？他苦思冥想，始终也找不出答案。

贺卡还是一张又一张地飞进家门，罗根坐在贺卡堆里，一会儿看看这张，一会儿捡起那张，像一个坐拥金山的大富翁。他拿着贺卡满屋子跑，一会儿举到妈妈面前炫耀，一会儿拿到爸爸面前朗读，屋子里一片欢声笑语。

在一场又一场的贺卡雨中，他的生日很快就到了。一大早，妈妈凯瑟琳便给罗根换上了新衣服，还和他一起整理贺卡。

贺卡实在太多了，直到中午时分，母子俩才把贺卡归类放好，一共2999张，也就是说，罗根收到了2999份祝福，这真是有史以来收到祝福最多的一次生日。

凯瑟琳帮儿子擦了擦额头的汗水，正想着中午要如何为罗根庆祝，门铃忽然响了起来。

打开门，一个插满蜡烛的蛋糕出现在眼前，两个身穿警服的人手捧着蛋糕，一边往里走，一边微笑着唱起了生日快乐歌。

"罗根，生日快乐！"歌声结束后，门后又闪出了一大群人。

罗根惊讶得不知该如何是好，在妈妈的鼓励下，他终于微笑着走到蛋糕前，深吸一口气，然后用力将蜡烛全部吹灭。

一片欢呼声中，有人往桌上拿香槟，有人端出水果，有人端出面包，有人拉起横幅，有人用鲜花装点房间。短短十分钟，一个生日派对诞生了。

接下来的时间，门铃一次又一次地响起来，不时有人加入到派对中来，而罗根是当之无愧的主角。大家都围着他唱歌跳舞，陪他聊天，给他讲笑话。虽然不知道这些人从哪儿来，为什么对他这么好，但他还是不时发出腼腆的笑声。

看着儿子脸上的笑，凯瑟琳的眼圈渐渐红了。罗根患有自闭症，不愿与人交往，身边根本没有一个朋友，每年的生日，家里都冷冷清清，充满了伤感与无奈。渐渐的，这一天成了一家人都不愿面对的日子。

眼看罗根十二岁的生日快到了，凯瑟琳犯起了愁，她多么希望儿子在生日那天得到朋友的祝福，多么希望儿子能过一个开开心心的生日。

她试着在网站上写下了儿子的故事，并衷心希望每一个看到的人都能给儿子寄张贺卡，让儿子的十二岁不再落寞。

只是，她没有想到，儿子居然收到了 2999 张贺卡，再加上这个特殊的生日派对，一共是三千份生日礼物。

三千份生日礼物，凝聚着一个母亲的心愿。这是三千份爱心的传递，虽然微小，却足以温暖一个自闭症孩子荒芜孤独的心。

选自《当代青年·我赢》2014 年第 7 期

> 母爱就像太阳，无论时间多久，无论走到哪里，都会感受到她的照耀和温暖。每一个被爱包围的孩子，都是幸福的王子和公主！

— 演 好 自 己 的 角 色 —

梦里梦外都是内疚

文 / 太子光

只是被狠狠的伤害过以后，再也无法认真对待。

——郭敬明

我的不良"企图"

杜锐长得瘦，还很丑，班上的同学都非常排斥他，说他是还没进化好的猿人。性格孤僻的杜锐总是一个人来来去去，像根孤独的麦秆。

我和大家一样也不喜欢杜锐，同学两年时间，基本上没和他说过几句话。每次开学后排座位，都是老师特别头痛的时候，因为没有人愿意和杜锐同桌。

大家都当面嫌弃他，说他怪，说他丑、脏。遭大家嫌弃时，杜锐不言不语，深深埋下头。被老师硬性安排和杜锐同桌的同学总是一脸不悦，大呼倒霉。每每这时，杜锐更是涨红脸，低头不语，仿佛这一切都是他的错。

可是初三那年开学后，老师排座位时，我却主动举手，提出要和被大家嫌弃的杜锐同桌。大家都诧异地盯着我，不明白我什么心思，也有人认为我"良心发现"，对杜锐大发慈悲。

只有我自己知道那不良的企图，我希望能够评到"市优秀班干部"，这样中考时，我就可以加分，上重点高中就多了一道保险。仅凭成绩我是有机会的，但就怕万一，为了得到加分我豁出去了。即使面对自己不喜欢的杜锐，我也要装作友善而大度。

我帮了老师的大忙，解了他的忧，果然他在课堂上对我赞不绝口。我是班长，是老师的得力助手，成绩又好，如果现在再有一些表现的话，我相信那个"市优秀班干部"的名额一定可以落入我手。

意外收获的"友谊"

杜锐从没想过，我这个人缘好、学习好、长相也好的班长会主动提出和他同桌。当我把东西搬过去时，他咧开嘴，愣了半天神，但脸上露出了掩饰不住的笑意。

他小心翼翼地面对我，尽量做到最好，我知道他的努力，他是想回报我主动和他同桌的善举。但如果杜锐知道了我和他同桌的真正原因后，他还会这样对我感恩戴德吗？我单纯的笑容下，却是一颗并不单纯的心。

杜锐每天都很早到教室，擦干净桌子凳子，看见我进教室时，他会欣喜地望着我。我却是很讨厌他的笑，那样子丑死了，可是我又不能表现出来，只能违心地对他点点头。

杜锐对我的好，或者说对我善举的回报真是花样百出。体育课时，他早早准备好矿泉水；轮到我打扫卫生时，他主动留下来替我；遇到我去参加活动没上到课时，他会主动帮我抄作业。他的成绩中等，但一手字写得行云流水。杜锐告诉我说，他从小就没什么朋友，大家都不愿意跟他玩，孤单的时候他就临摹字帖，这个习惯已经有很多年了。

"怪不得你的字写得那么好，原来是排遣孤单的意外收获。"我轻松说笑，心里却有些为他感到心酸。从小到大，他都没有朋友，那么可怜。

"你是我第一个朋友，第一个主动接纳我的人，我会珍惜的。"杜锐为了表示他的感激，在我面前宣誓般说了这一番话。

杜锐说这话时，我有点心虚，脸微微发热。我知道自己不是他认为的那样，我一直都在嫌弃他，虽然他处处替我想，时时讨好我，但我还是打

— 演好自己的角色 —

心里不喜欢他。我对他所有的好，只是为了自己心底里的不良企图。

我麻木的心被"软化"了

面对杜锐的真诚，我心里很不是滋味。我知道不该这样待他，对人更不能以貌取人，在他的善良面前，我时时反省自己的言行。

长得丑不是他的错，他还为此承担了太多不应该由他承担的孤独、白眼。他是个很敏感的人，我们的嫌弃，我们的嘲笑，一次次利刃般地在他心里留下道道伤口。但他还是选择宽容，在我们对他稍微友善时，他即刻会回报我们满腔的热忱。

我们的同桌关系，在我看来那是极不和谐的，我随便对哪个同桌都比对他好，但他还是非常珍惜和在意。杜锐是个比较害羞和内敛的人，那些他说出的动人的话，应该是他想了又想，鼓起很大勇气才说出来的。他更愿意用行动来表现他对友谊的珍惜。

他所有主动为我做过的事，都只是希望我能够当他是朋友。我懂，所以心里常常不安。他一如既往的友善，让我的心渐渐被软化了。课间休息，我会与他说上几句话；出去玩时，也会叫上他；学习上，我不仅教他帮他补缺补漏，还常鼓励他，帮他做规划。

"杜锐，这些题很重要，回家后你要再认真看一遍，如果时间够，重做一遍更有效果。"教他解完几道难题后，我对他说。

"好，我听班长的。"杜锐很郑重其事地说。

这个班长"当傻"了

同桌后，出于自己的目的，我常会教他也管理他，他的成绩进步了十几名，对我不仅感激，还言听计从。

可是班上的同学却开始嘲笑我，说我这个班长当傻了。有个女生还乐不可支地说："班长，你被猿人同桌同化了，你知道吗？"

我忍住没有发怒，但心情糟透了。我把这一切责任都推到杜锐身上，都是因为他，连我也开始被人嘲笑。但我告诫自己，为了能够顺利拿到"市优秀班干部"，我还得继续与他同桌，甚至还要继续帮助他，让老师到时候义无反顾地支持我。

我的心情一直都非常矛盾，我也很不喜欢这样的自己，可是杜锐不明白。他对我越好，我就越发讨厌自己，觉得自己自私、虚伪，是个势利小人。在和他同桌的时间里，在他真诚的友谊中，我时常想真心把他当成朋友，可我又害怕被嘲笑，毕竟他是被大家都嫌弃的人。

无法挽回的"口误"

一天中午，我早到学校，班上的同学就开始跟我逗乐。

"班长，你现在和那猿人的关系很不一般呀，都成好朋友啦？"一个同学不怀好意地说，然后旁边几个同学就忍不住开始哈哈大笑了。

我红着脸，恼怒地说："谁和他是好朋友呀？他配得上我吗？我不过是同情他而已。谁让我是苦命的班长，你们都嫌弃他不和他同桌，我只好委屈自己了。"

"你这班长，为了猿人，也太委屈自己了。不过还好，我看那猿人对你可是鞍前马后，唯命是从、忠心耿耿呀！"那同学口若悬河。

"那是，他不这样对得起我吗？和他同桌，我要鼓起多大的勇气，要不你和他同桌一段时间试试看，看心理得承受多大的压力？"我笑着说。

我不想被同学嘲笑，只能一味地诋毁和贬低杜锐，然后跟着众人一起哈哈大笑。

一落千丈的"失落"

在我笑得得意忘形时，突然一眼瞥见正站在窗边的杜锐，我没想到，他已经来教室了。从他苍白的脸色看，我知道我所说的话，全都落入了他的耳中。

　　一时慌神，我不知所措，得意的笑顿时凝固在尴尬的脸上。我所说的不是我的心里话，同桌这么久，我其实已经把他当成朋友了，我只是不敢承认。但现在我把这一切都打破了，我深深地伤害了一颗真诚的心。

　　从那天后，杜锐再没有和我说过一句话，他的目光是那么茫然又带着恨意。在中考前，他离开学校了，再也没有回来过。

　　我没有勇气去找他，也没有勇气去求得他的原谅，他那么真诚地对待我，我却狠狠地把他的心撕得稀巴烂。

　　我无法原谅自己的行为，想起他时，梦里梦外都是满满的内疚和歉意。

选自《学苑创造·7—9年级阅读》2016年第21期

　　一路上走走停停，不断地相遇和离开。有时候是我们主动放弃，可是有时候，却被别人放弃了。

融化的冰激凌

文 / 管笛琴

苦难有如乌云，远望去但见墨黑一片，然而身临其下时不过是灰色而已。

——里希特

七岁那年他出了车祸，头上缝了十几针，腿落下了残疾。那年他们家生意不景气，于是举家搬迁来到小县城，他插班到一年级。

可能因为不适应新的环境或者是车祸大脑留下了后遗症，他的动作很慢，经常完不成作业，学习成绩也不好，老师隔三差五便把他父母亲叫到学校。他父母亲也着急，每天看着他做作业，可这边刚讲完他那边就忘了，今天讲的明天也又不知道了。他父母亲干着急却没有什么办法，于是决定让他留级，再读一个一年级。

炎热的夏天在人们扇子下扇去了一大半，葡萄紫了，棉花白了，丰收的季节来了。孩子们背着新书包，穿着新衣服，开始新的生活。

母亲一手提着他的书包，一手牵着他的小手，把步伐蹒跚的他带到新的一个班集体里。他年龄大，个子高，老师就把他安排到最后一个座位。

刚开始，因为那些简单的知识他学了一遍，成绩虽然不好，但也过得去。可过了半学期，他的学习又跟不上了，因为他是留级生，个子高，走路又不利索，班里一些调皮的孩子便偷偷跟在后面学他走路。开始他还告诉老师，老师也批评了那些学生，可时间久了，老师也懒得天天处理这些事情了。

于是，班里孩子常常叫他留级生，学他走路。他有时生气了，去打他们，尽管他比他们大一岁但还是追不上他们。后来他变得沉默了，任凭同学们欺负也不吭声。就这样到期末考试，他的成绩又是全班倒数第一。

学校学生成绩与老师绩效考核挂钩，各科任老师很生气，因为别人经常告他的状，惹得班主任老师也很头疼。把他父母亲找来，也没有办法，这么小的孩子总不能不让上学。学校也说不能再留级了，只能让他跟着班级走。慢慢的，他就像那只丑小鸭一样，生活在寒冷的冬天里。

后来有一次，书法老师正在上课，他的鼻子忽然流血了，他手忙脚乱地用纸擦得满脸都是。班里孩子没有一个去帮助他，反而都在起哄，特别是他的同桌周大军，大声说他今天都放了三次血了。

书法老师赶紧走过去，看他左鼻孔流血，就让他把右手举起来，不一会就不流了，然后老师用水把他的脸洗干净了。

书法老师说：同学们，我们来学校学习，不论学习成绩好坏，都要先学会做人，做个好人，做个有同情心的人。一个人如果连同情心都没有，即使你成绩再好，将来也不会有出息的。书法老师的几句话，不管孩子们听懂没听懂，反正教室里安静下来了，老师继续上课。

"鼻血"事件过了没多久，周大军因为急性阑尾炎进医院做了手术，班里孩子知道后，纷纷要去看。班主任老师怕孩子们一个一个去不方便，又拗不过孩子们的一片心意，便选择一个中午放学带着他们一起去。

高温天，闷热的病房里，孩子们挤到病床前，七嘴八舌地问周大军现在疼不疼，还向他讲起班里这几天发生的事情。

大家正讲得起劲，老师一扭头，忽然发现他满头大汗地出现在病房门口，他手里拿着一根冰激凌。倾斜的身体，蹒跚的步伐，几乎是向病床前扑过来的，大家赶快给他让开，他歉意地对周大军说："天太热，你吃根冰激凌吧！我走不快，冰激凌都快化了……"

病房里的空气一下子凝固了，几十双眼睛都盯着他。

虽然他有残疾，有这样那样的毛病，但是因为他的爱心举动，赢得了大家的尊重。大家对他的偏见和不屑，就像那冰激凌一样慢慢融化了……

选自《语文报》2015 年第 6 期

我们大部分人都是普通的，在人群中那么不起眼，就像开在阴面的花，暗自生长。可是这没什么关系，只要体现价值，就是最棒的自己。

— 演 好 自 己 的 角 色 —

你是上天最好的馈赠

那个春天，莫溪家的小院弥漫着颓靡而忧伤的气息。所有的植物都在湿润的空气里疯长，旺盛而欢乐。只有父亲的脸越来越苍白，气息也越来越微弱，这张俊朗的脸似乎是在一瞬间苍老的。母亲日日忙碌着做各种他喜欢的吃食，她做得很精致。她边做边流下泪来，却总是笑盈盈地端到父亲的床前，眼里尽是温柔。

最温暖的归宿

文 / 邢占双

　　家，对每一个人来说，都是欢乐的泉源啊！再苦也是温暖的，连奴隶有了家，都不觉得他过分可怜了。

——三毛

　　人生漂泊，我的足迹踏过很多地方，我的身体也休憩过很多场所，但感觉最温暖的地方还是家，尤其是大草房，让我魂牵梦萦。

　　我的童年时光是在那儿度过的，那座房子在当时算得上数一数二，厚厚的苇草在阳光下闪耀金光，前墙是红砖的，木格子窗宽敞明亮。

　　房前屋后都是挺拔翠绿的白杨树，站在院子里向南望去，一览无余，全是碧绿的田地。房东有一口机井，鸡鸭鹅狗猪马牛羊都来这里喝水，燕子来这里啄泥，到屋檐下筑巢，整天飞来飞去地捉虫哺育儿女。

　　夏季的早晚时光，父亲母亲经常在小园中忙活，将每一棵秧苗伺候得水灵灵的，长势喜人。他们在蔬菜瓜果地中穿梭，忙碌得像蜜蜂一样。

　　冬季，父母很少闲着，母亲在炕上做棉衣，棉絮在阳光下飞舞，落在她乌黑美丽的秀发上。她不时地抬手捋捋头发，用手指比量比量衣物，一针一线地缝补。父亲则站在地中央扎笤帚刷束，腰里系根绳，绳子一头拴在东屋门框上。一根一根秫秸经过他的摆弄，成为一把一把好看的笤帚刷束，那些东西可没少为我家换来零用钱。

　　鸡们蹲在窗台上晒太阳，不时地发出叫声，用嘴啄一下窗框。炕头舅睡的小猫打着呼噜，睡醒了就伸伸懒腰，舔舔爪子，洗洗脸。

猫曾经丢失，六七天没有回家，在我们对它已经不抱希望时，忽一天晚上，外面有猫挠窗框的声音，母亲说，猫回来了。果真是它！这个小生灵还记得这个温暖的家，它脖子上还有拴绳呢。

每次从外面回来，我和妹妹如果不见母亲，问的第一句话都是"妈呢"？有母亲在，心里就感觉踏实，通情达理的母亲为我插上了寻梦的翅膀。

十八岁我在外求学，六年内往返于家和城市之间，每一次母亲都送我到村头，望着我的身影消失在乡间小路上。多少次离别让我不忍回望，我害怕母亲那泪眼汪汪难舍难离的眼神。在校时也曾写过几封装满思念的信，没想到每次母亲读给父亲，都会让我以为不懂感情的父亲呜呜哭出声来。

参加工作后离家较远，回家成了一种奢望，对一个游子来说，最幸福、最温暖的时刻就是千里迢迢踏进家门的那一刻。卸下旅途的劳累，放下工作的压力，斜倚在热炕头，喝喝父亲倒的热茶，听听母亲讲述的故事，看着父母二人屋里屋外忙活做饭的身影，我仿佛又回到了童年那幸福的时光里。心情放松了，紧张的情绪也缓解了。

日月运行，父母和房子渐渐老去。有父母在的家才能称其为家，父母安在，儿女的心灵就有了依靠，父母安好，家才有了灵光。家是我们最温暖的归宿。

选自《语文周报》2015年第2期

家的感觉是温馨的，每一个游子的心里，都有这样一个地方，想起来都是暖暖的。心若没有栖息的地方，到哪儿都是流浪。

那些年，我们一起暗恋过"女特务"

文 / 李良旭

那些刻在椅子背后的爱情，会不会像水泥上的花朵，
开出没有风的，寂寞的森林。

——郭敬明

"文革"时，我正上中学。那时，人们的文化生活十分单调、乏味，除了几出样板戏，就没有什么文化娱乐生活了，精神上，很是枯燥和压抑。

那时，学校组织观看了几部描写战争题材的故事片。影片中，那些国民党女特务妖艳、妩媚，莺声燕语的媚态，让我们这些青涩男孩子看得如痴如醉，心里面，有一种想入非非的羡慕和渴望。

记得那时有一部影片叫《钢铁战士》，影片中，解放军张排长和几个战士被国民党俘虏了。国民党对被俘的解放军战士进行严刑拷打，要他们交待出兵工厂的下落。解放军宁死不屈，决不叛变。国民党见硬的不行，就来软的。他们派来一个妖艳的国民党女特务，妄图用女色来引诱张排长。

那女特务戴着船行帽，烫着大波浪，一双眼睛眉目传情，一走路，腰身扭来扭去，说起话来娇滴滴的。她用风情万种的姿态和语言来勾引张排长，可是，张排长一身正气，严词拒绝，还把女特务骂得狗血喷头。无奈，女特务只好灰溜溜地躲开了。

— 演好自己的角色 —

影片中的那个女特务，在我们男孩子心中成为天下最美的女人。我们私下悄悄地议论着，那女特务长得可真漂亮，那么漂亮的女特务张排长都不要，可真傻。

班上有一个叫王海的男同学，对那女特务更是想入非非，他在一张纸上写了这么一句话："我长大了，一定找一个像女特务一样的女人当老婆。"

这张纸条不知怎么被其他同学看到了，并交给了老师。这下可不得了了，老师汇报到教导处，教导处汇报给校长。全校开大会，对王海的丑恶思想和灵魂进行批判，他成了一个肮脏、丑恶的典型。

从此，王海走到哪儿，背后都有人在指指戳戳，甚至传来女同学的讪笑声。就连学校门口卖瓜子的几个老太婆都知道这件事，每当王海从她们小摊前走过，几个老太婆就对他指指点点，说他是个小流氓。

王海感到很苦恼，在学校里实在待不下去了，只好退学了。

那天离开教室，走到门口，王海突然回过头来，挥起一只拳头，对着全班同学高声地说了句，我以后一定要找一个像女特务一样的女人当老婆！

那声音震耳欲聋，仿佛是从他心底喷发出来的一种呐喊。同学们看到王海的目光里闪烁着一丝晶莹，他内心里仿佛溢满了痛楚和委屈。说罢，他一转身，坚定地走了，那背影，有一种昂然挺立的孤傲和不甘。

那一刻，全班同学没有发出一丝笑声，仿佛每一个同学心里都被一枚铁锤重重地击打了一下。老师站在讲台上，好长时间没缓过神儿来，过了好一会儿，才听到她轻轻地说了句，我们不要受他的思想影响，现在继续上课。

"王海事件"平息了，但在我们每一个人心中，都有一个女特务形象，这种想念，不仅没有熄灭，反而越发强烈。如果谁有一张女特务的剧照，更是让同学们羡慕不已，他的身边总会聚拢着一些人，偷偷传阅着那女特务的剧照，所有人的眼睛里都放射出兴奋、贪婪的目光。

《英雄虎胆》中的那个女特务阿兰，更是让同学们爱慕不已。阿兰不仅长得漂亮、性感，而且还会跳伦巴，这是我们从来都没有见到过的舞蹈。随着音乐的节奏，阿兰的腰肢、臀部扭来扭去，让人看了如痴如醉。

班上有一个女孩子叫晓霞，同学们暗地里都说她长得像女特务阿兰，每当晓霞从同学们身边走过的时候，男同学各个瞪大了眼睛，目不转睛地盯着她看。有一个叫陈强平的男同学，对长得颇像女特务阿兰的女同学晓霞更是如痴如醉。他说，将来要是找到一个像"女特务"晓霞一样的人当老婆，自己当牛当马都愿意。

这件事不知怎么被晓霞知道了，她哭着报告了老师，说，同学们在背后都说她长得像女特务阿兰。她边说边抽泣着，好像受了天大的委屈。

老师在班上严肃地警告同学们不要乱说，并为晓霞"平反昭雪"，说晓霞长得一点也不像女特务阿兰，她长得像《海岛女民兵》中的海霞。今后谁再说晓霞长得像女特务，一定要叫他在全班做深刻的检查，并通知家长。

自从老师在班上宣布晓霞长得像海霞后，晓霞整个人神气多了，走起路来，胸脯挺得高高的。可是，同学们并不认同，在背后还是悄悄地议论，说她长的的确像女特务阿兰。

为了彻底和女特务阿兰的形象告别，晓霞将她那一头乌黑的秀发剪成齐耳短发，还带了一顶黄军帽，这下一下子就有了一种英姿飒爽的样子。

陈强平看到晓霞这形象，难过得三天没吃下饭，人也瘦了一大截。整天无精打采的，像个霜打的茄子似的，上课也没了精神。他常常叹息道，我身边好不容易发现了个"女特务"，这下又不见了！

那些年，我们心中都暗恋着一个美丽的女特务，她让我们看到了女性性感、美丽的一面。在那文化生活十分贫乏的年代里，女特务形象让我们看到了生活中的一丝亮色、一丝明媚、一丝心动。

现在，有时重温当年的老电影，每当看到影片中的女特务形象，想起当年我们在青涩的年龄里，心中暗恋着这一个个的女特务，突然有一种想哭的感觉。

选自《知识窗·往事文摘》2012 年第 10 期

在青春萌动的年月，我们也许是老师家长眼里的坏孩子，也许是异类。可是，那只不过是我们急于想认识这个世界而已。

你是上天最好的馈赠

文 / 柏俊龙

母亲的心是一个深渊，在它的最深处你总会得到宽恕。

——巴尔扎克

一

她第一次去孤儿院看到宁小邪的照片时，就不可避免地喜欢上了宁小邪。她向院长再三恳求，希望能领养宁小邪。院长起初并不同意，耐心地带着她四处观望，让她与其他更为优秀的孩子交谈，但不论院里的领导如何劝说，她硬是固执地要领养宁小邪。

她说，宁小邪给了她从未有过的亲切。她是一个被丈夫抛弃的女人，没有孩子，没有工作，甚至没有房子。

当她主动要求见见宁小邪，并听听他的意见时，领导们为难了。她不知道，宁小邪是个多么孤僻捣蛋的孩子，他不但不和院里的同学们说话，还经常翻墙出去偷东西。

一个小时后，她在城南的派出所里见到了一脸倔强的宁小邪。他坐在黄色的木椅上，高傲地抱着双手，一动不动，那眼神里透出的不屑终于使她明白，小邪是这里的常客。

她始终没有放弃领养宁小邪的念头，她微笑着在他旁边坐下，刚伸手抚摸他的脑袋，就被他一掌拍开了。这个孤独而又不领他人情义的宁小邪，在顷刻间给了她一种同命相怜的安慰。

　　低头时，她看见宁小邪蓝布短裤上的补丁，心疼不已。在这个车水马龙的城市里，还有多少孩子穿着打补丁的短裤？

　　她向警方出示了领养证明，并在保单上签了字。出门后，她温和地对宁小邪说："孩子，你以后就和我一起生活吧，我会好好照顾你的！"

　　岂料，她这句朴质的话，竟把宁小邪吓得掉头就跑。她拖着臃肿的身体，一直拼命地跟在宁小邪身后。最后，路旁的一位巡警把宁小邪拦下了，宁小邪抬头看看她汗湿且微笑的脸，忽然有了妥协的意念。

二

　　宁小邪从不叫她阿姨，更不会叫她妈妈。每次有所需求的时候，总是漫不经心地朝她喊一声喂。

　　"喂，明天要交学费。""喂，我的那条短裤上哪儿去了？""喂，你翻我的书包有没有经过我的同意？"

　　宁小邪上学没多久，就开始厌学了。他说班里的同学都不喜欢他，说他是小偷。她慢慢地劝慰他，拉着他乌黑的小手，如慈母一般，苦口婆心地告诉他诸多的人生道理。

　　宁小邪静静地看着她微白的发，粗糙的手，忽然有种想哭的冲动。从来没有那么一个人像她这样，不厌其烦不离不弃地开导他。

　　清晨，宁小邪坐在她的三轮车上，心里溢满了欢喜。不知何时，她开始了这样的生活，每天骑着三轮车把宁小邪送到学校门口，而后又急急赶往农贸市场批一些新鲜的蔬菜水果，沿途叫卖。

　　她喜欢这样的生活，有事可做，有饭可吃，有人可等。

　　宁小邪喜欢吃糖醋排骨，他只在无意间说了一次，她就记住了。后来，不论刮风下雨，饭桌上总有一小碟鲜嫩的糖醋排骨。宁小邪从不问缘由，更不会朝她的碗里夹一筷子，但她仍旧很开心，因为每次宁小邪都会大快朵颐地将她亲手做的小菜吃得一干二净。

在一个下着蒙蒙细雨的下午，宁小邪逃了体育课，打着花伞提早回家。半路上遇上了浑身湿透的她，她站在绸缪的雨中，和一位年纪相仿的中年妇女讨价还价。因为一毛钱，她和别人争执了很长时间。

宁小邪忽然想起她清早说过的话。"没事儿，这伞你拿着，我在市场里还有好几把，过去就能取。待会儿放学肯定还下雨，别淋坏了，记得早点回家。"

宁小邪终于明白，家里其实只有一把伞。他换了另外一条路回家，绕很大的圈子。路上，他一直在盘算，一碟糖醋排骨究竟需要多少个一毛钱。

临睡的时候，宁小邪说："喂，以后别做糖醋排骨了，换点青菜吧，我都吃腻了。"她笑笑："行，你想吃什么，我都给你做。"

当她掖好被角转身出门后，宁小邪到底忍不住，嘤嘤地哭开了。她一个箭步飞奔过来，一把抱起床上的宁小邪，又是摸头又是抚胸，一遍又一遍地问："孩子，是这里疼吗？还是这里疼？"

宁小邪说不出话，躺在她温热的怀里，一直哭到沉沉睡去。

三

宁小邪从她的身份证上知道了她的生日即将来临，于是整天谋算着上哪儿弄一笔钱给她买点礼物。

宁小邪见隔壁的房子不错，看似很有钱，于是动了入室的念头。

当天，宁小邪没去上课，他悄悄爬上墙头，准备伺机而动。当他从墙上站起身子，预备爬树下去时，一个威武的男人从屋里跳了出来。他的一声威吓，让心虚的宁小邪从爬满青苔的墙头上摔了下来。

宁小邪被抓的时候，她正在烈阳下蹬车叫卖。

当她在隔壁人家的院子里看到宁小邪的样子，并得知宁小邪已经骨折时，一向温和明理的她，忽然对着隔壁家的男主人面目狰狞，暴跳如雷。

她忘了，宁小邪是因为偷东西才变成这样的。

她顶着蓬乱的头发把宁小邪送进了医院，宁小邪一次次哭着问她："我是不是会变成瘸子？我是不是以后都不能走路了？"她一次又一次坚定地告诉他："不会的，只是轻微骨折，打了钢钉之后就会好起来的。"

为了凑够宁小邪手术所需的费用，她每天早出晚归，蹬几十公里的路，喊哑了嗓子，只为将那车满满的蔬果卖出去。

恢复期间的宁小邪脾气坏得不行，他经常说："与其这样没用地躺在床上，倒不如死了算了！"

她生怕宁小邪憋出毛病，便背着他去了附近的足球场。宁小邪看着那些一路狂奔的孩子，沮丧地说："带我来这里做什么？我又玩不了。"

她把宁小邪送到了守门员的位置，朝他做了一个胜利的手势。

"嘭！"宁小邪稳稳地抱住了飞来的足球，她在旁边又蹦又跳，欢呼不已。宁小邪终于笑了，他不知道，这些孩子之所以愿意和他玩耍，不过是因为事先收到了她送的一大袋桃子。

回程的路上，宁小邪一路笑个不停。她又一次告诉他人生的道理："其实每一种人都有价值。不管他是瘸子，聋子，还是傻子，只要他不放弃，就有活着的价值。"

宁小邪伏在她宽阔的后背上，第一次向她许诺，以后再不偷盗。

四

宁小邪第一次因为成绩好拿了奖状。他想为她做一顿饭，给她一个惊喜，但买菜需要钱，而他曾答应过她，以后再不偷盗。

经过深思熟虑，宁小邪最终还是决定从母亲的衣柜里拿十五块钱出来，买一点新鲜的排骨，他从未见她好好吃过一顿肉。

宁小邪学着她的样子，把新鲜的排骨洗净，丢到滚烫的油锅里炸一炸，而后又用事先准备好的糖醋调料泼上。虽然程序是对了，但毕竟掌握不好火候，结果，一大锅脆生生排骨硬是让宁小邪弄成了面目全非的焦炭。

宁小邪守着那盘焦炭等了许久许久，当她蹬着三轮车回来的时候，宁小邪早已趴在床上沉沉睡去。

她把今天赚到的钱尽数放到衣柜里，而后好好细算一遍，看到底还需要存多少钱才够让宁小邪以后念大学。

十五块人民币不翼而飞，这让她心痛不已，她断定，这就是宁小邪的旧病复发，倘若家里遭了贼的话，绝对不可能只拿走那么点钱。

那是她第一次打宁小邪，细长的皮条在宁小邪的身上抽出了一条又一条的火线。她一面狠狠地打，一面哽咽着说："你说！你答应过我什么？！你说！你到底答应过我什么？！我供你念书，教你做人，看来，全是白费了！"

宁小邪在狭窄的卧室里哭得喊天抢地："你听我说，你听我说，我不是偷钱，我真的不是偷钱……"

后来，宁小邪的一句话，使她再也用不出半点气力。宁小邪捂着通红的双手说："妈，今天是你生日！"

她忍住热泪，悄悄地走出房间，终于看清了木桌上的糖醋排骨。宁小邪畏缩着，跟在她的身后，喃喃地说："妈，我没有偷钱，我真的没有偷钱，我只是想在你生日的时候给你做一盘糖醋排骨，让你也好好吃上一回肉……"

顷刻，在她内心积压的情感和生活的委屈，如同山洪一般喷薄出来。她紧紧地抱住宁小邪，禁不住大声嚎啕。

那盘面目全非的糖醋排骨是她生平吃过的最好吃的一道菜，从来没有一种菜，可以让她吃到泪眼潸潸。

期末考试如期而至，语文试卷的最后是一道命题作文是《我的母亲》。

她笑问宁小邪："你会把我写成什么样子呢？"

宁小邪说："妈妈，我写你是上天对我最好的馈赠。"

选自《意林·少年版》2010 年第 16 期

在无助寂寞的人生路上，亲情是最持久且有力的陪伴。不管是以何种方式聚合，都应当珍惜。

小城记忆

文 / 李亚利

　　爱是火热的友情、沉静的了解、相互信任、共同享受和彼此原谅；爱是不受时间、空间、条件、环境影响的忠实；爱是人们之间取长补短和承认对方的弱点。

——安恩·拉德斯

　　这是一座古老的小城，经常下雨，潮湿得像母亲的眼睛，总是盈着泪水。莫溪记得父亲离开的那个春天，旧墙上爬满了墨绿色的叶子，大大的似手掌，阳光聚在上面，灼伤人眼。墙角的小花离离地开放，斑斓的色彩，遮住了那些灰色的砖石。

　　那个春天，莫溪家的小院弥漫着颓靡而忧伤的气息。所有的植物都在湿润的空气里疯长，旺盛而欢乐。只有父亲的脸越来越苍白，气息也越来越微弱，这张俊朗的脸似乎是在一瞬间苍老的。母亲日日忙碌着做各种他喜欢的吃食，她做得很精致。她边做边流下泪来，却总是笑盈盈地端到父亲的床前，眼里尽是温柔。

　　莫溪十一岁的心开始懂得什么叫疼痛，什么叫无可奈何。

　　父亲是在五月走的，空气里已经有了夏天的微热气息，门前河岸边的蔷薇开得无比灿烂。火红的颜色，倒映在河水里，被撕扯得破碎，惶惶的却不肯消失。

　　那个春天，母亲和莫溪的生命似乎一下子单薄了起来。母亲瞬间消瘦

　　— 演好自己的角色 —

了，莫溪幼小的心，在那个漫长的春天里，盛满了酸楚。

父亲生前是镇上小学的老师，莫溪一直跟随父亲上学。过去的五年时光是趴在父亲的肩头上度过的，可是那肩膀突然之间到倒塌了，并且不会再立起来了，莫溪恍然得不知所措。小镇上的人们总是那么热衷于讨论别人的悲欢离合，莫老师的去世使他们变得莫名的兴奋，他们议论着，为什么那么高大英气的一个男人会突然之间就死了呢？

莫溪在听到这些言语时总是哭出声来，扑到母亲的怀里。她的哭泣是那么无助，像门前那条河里的水，寂然无声地擦过石岸的棱角，偶尔卷着枯死的叶。

莫溪倔强地不肯再去那学校了，她觉得孤单，母亲没有强求，只说过完暑假再作定论。那个暑假无比漫长，莫溪日日搬一张小凳子坐在院里，看母亲刺绣。

母亲有一双纤巧白皙的手，是小镇上出了名的绣娘。她绣出来的花似能飘香，鸟似能起落，那些五彩的线，银色的针，在她手中都像被施了魔法似的，穿针引线间便是一幅锦绣图画。

莫溪想母亲该是这世间最温婉聪慧的女子了，且又懂那么多诗词歌赋，真像是古装戏里走出来的人儿。

那些时日里，莫溪突然觉得自己长大了许多。母亲的眼睛自父亲走后就一直是湿润的，可很少有泪滴下来，她仍如往日一样，淡定地刺绣。莫溪想，这世间就只剩下自己和母亲了，应该坚强一点的。

九月终究还是来了。

那一日，母亲说，四个月了，你该想好了吧，去学校么？

莫溪温顺地点头。

母亲微笑着说，这样才是我们的莫溪嘛，生活总要一直继续下去的，阿爸只是走到很远的地方等我们去了。

重新回到学校后，校长把莫溪安排进了冲刺班里，他对母亲说，要给莫老师一个交代。莫溪走进了那个所谓的冲刺班的教室，多是陌生而天真的面孔，表情模糊。莫溪的座位在教室最后角的靠窗位置，没有同桌，却有很充沛的阳光。

别了四个月的校园居然变得如此陌生了，莫溪这才发现，过去的那些时日里，她一直只呆在父亲身边，她的世界小的可怜。与同学交往居然是件如此艰难的事，她便只好沉默了，像个小哑巴。可是偶尔被老师点到回答问题时，她的思维却很清晰，总能回答得很好。父亲培养了她理智清晰的思维，却给了她一个孤单的世界。

流言不知是从什么时候传起的。

那一日课间操，莫溪听到旁边班上的两个女孩子在讨论她。

高个子女孩说，听说冲刺班转来了一个新同学哎。

另一个不屑于好朋友不灵通的消息，嚷道，不是转过来的啦，是休学了几个月又接着来读的。

高个子不解地问，听说成绩蛮好的，怎么会休学啊？

另一个来劲儿了，两片薄薄的嘴唇开始上下翻飞。在这样一个破旧的小学里，普通班的孩子们会把掌握的小消息当做骄傲的资本。

她兴奋地播报着，成绩好有什么了不起啊，她爸爸以前是老师嘛，就是我们学校今年五月份去世的那个莫老师啊，不晓得得了什么怪病。听说那女孩子好早以前就有自闭症，不喜欢和别人说话，一直被莫老师带着上学的，莫老师去世以后她就休学了。校长可怜她，才把她带到学校来上学，还把她安排在冲刺班里，还不知道成绩怎么样呢。

高个子听得唏嘘不已，"自闭症"于她来说还是一个太陌生的词汇。

莫溪感觉有黑色巨大的鸟在头顶上盘旋，压抑的空气里全都是那细碎的声音"今年五月份去世的那个莫老师啊，不知道得了什么怪病""校长可怜她……"，空气里尘埃的味道，枯草的味道，唾沫星子的味道，混在一

—— 演 好 自 己 的 角 色 ——

起，呛得莫溪的眼泪落了下来，悄无声息。

十二岁的女孩子如果心里布满绝望的悲伤，该有多疼呢？

冬天来了，十二月的天，小镇冷得似冰窖，又多雨，天地更苍茫了。

小镇上的人们开始备年货了，破烂不堪的街变得热闹起来，对联，灯笼，鞭炮等物什都在小镇上亮出来了。一条狭窄的街，满眼喜庆的红，谁又看得见那些悲伤，那些只能被紧紧扣在心底的悲伤。

母亲忙起来了，许多人家赶着腊月办婚事，他们慕名来请母亲绣鸳鸯枕，喜事是推不得的。莫溪要帮着母亲做许多事，花园要修整，那些杂乱的草，枯死的藤都要清理。家里落了灰的物什要擦亮，还要扎大红灯笼，浣洗旧衣物。父亲不在，也要与母亲一起过个欢喜的年。

莫溪知道这世上没有谁可以承担她的悲伤，只有自己。就像母亲，生活要继续，多喊一声苦累都显得可怜，所以要微笑着，才不会更疼。

渐渐的，莫溪已经习惯了那些各种版本的关于她的猜测。

每天她都是带着笑脸回家的，编各种学校的趣事讲给母亲听，做完作业后会帮她做些家务。如果一直这样有什么不好呢？莫溪这样想着，便觉得许多事情只要不在乎，就可以当做没发生一样了，比如那些流言。

期末考试来临了，莫溪并不紧张，她已经准备好了。

考完那天，阳光很好，这在小镇的冬天是难得的。莫溪感觉考得还可以，而且考完就放寒假了，所以她的心情是少有的愉悦。

回到教室准备收拾书包时，发现课桌里躺着一只橙色的暖手袋，是太阳的颜色，就那么安静而温暖地躺在那里，似乎泄了一桌的光芒。

莫溪有些惊愕地伸手抱起它，露出一张字条："莫溪，我看得见你所有的悲伤，也在等待你灿烂的笑脸。希望以后所有的冬天都是橙色的，这样你才不会冷。"清秀漂亮的字迹，似乎带着阳光的味道。

莫溪的泪落下来，滴到手背上，那么灼热。

站在窗外的小小少年，温柔地看着女孩微微颤动的瘦削的肩，嘴角上扬，然后闪进阳光里，消失不见。

莫溪小小的柔弱的心仿佛看到了一缕阳光，亮晃晃的，暖得叫她只想哭。原来这世界上还有人在看着她，希望她开心，原来，自己并非那么孤单。

莫溪的心突然之间对生活多了一份期待。

开学发成绩单，莫溪考了第二名，比学习委员杨勋差两分。

这又是一条新闻，杨勋是从小到大得惯了第一的优等生，然而却有一个得了自闭症并且休学了四个月的女孩考的只比他差两分。冲刺班都是些骄傲的孩子，莫溪的沉默和优秀让人羡慕又嫉妒。

班主任把她从最后一排调到了第一排，与杨勋同桌。他想他们坐到一起会更有竞争意识，共同进步，今年的小考他带的班说不定就有奇迹出现了，优秀教师的奖金也必然没问题了。

小镇的春天总是带着颓靡的气息，泥土是柔软的，带着令人迷醉的芬芳。所有沉默了很久的植物都在二月里探出了脑袋，窥探或希望。只是所有的演变都是不着痕迹的，似乎是在等待某一个绝佳的时机，然后一下子鲜亮地显露出来。

莫溪心里藏着的是另一个小小的秘密，这秘密像一团火一样在她心里燃烧起来。她期待那个送她暖手袋的女孩子的出现，她坚定地认为那是个女孩，温柔美丽的女孩。她幻想着她走过来，拉住自己的手说，我们做好朋友吧。她甚至想好了要以怎样的微笑来回复她，并真诚地点头。

三月的时候小小的破旧的校园一下子亮起来了，树都绿得葱茏，残破的花坛里也开出了缤纷的花。春天似乎是公平的。

那天课间，莫溪感到后面有一双眼睛在看着自己，她回头，看见第三排靠窗边的一个女孩正看着自己甜甜的微笑。

莫溪也报以一个友好的微笑，她的心在那一瞬间暖了起来。或许，她就是那个送自己暖手袋的善良女孩吧？莫溪有些抱歉地想，都同班几个月了，居然还不知道人家的名字，甚至都没注意过她。

果然，放学的时候，那个女孩子主动走过来跟莫溪打招呼了。她是漂亮的女孩子，束着高高的马尾，别着精致的发卡，皮肤白皙，眼睛黑亮，鼻子翘翘的，非常可爱。她穿着天蓝色的针织毛衣，浅紫色的格子裙，红色的小皮鞋，看起来真像个公主。

她喊住莫溪，说，莫溪，我们可以做朋友吗？

莫溪有些局促，这场面她幻想过无数次，可是真的发生了，她却紧张得不知所措。

女孩笑着介绍自己道，我叫孟梓欣哦！然后伸出了右手。莫溪的心急促地跳着，她觉得有些尴尬，但还是立即伸出了自己的手。

孟梓欣大方地拉着莫溪就往小操场上走。莫溪心里盛满了欢乐，第一次这样被一个女孩子牵着手，像两个亲密无间的好朋友那样走在校园里，而且还是一个这样善良漂亮的女孩。

孟梓欣给莫溪讲她的漫画，她喜欢的精品店，她当镇长的爸爸，还有她超级爱美的妈妈。莫溪很少开口，只是认真地听着孟梓欣说话，她的心里有丝丝的酸楚和甜蜜。

孟梓欣真的是个公主，有幸福的家，漂亮的容貌和衣服。而自己只是一个孤僻沉默得像哑巴的小孩，用骄傲和冷漠掩饰着心里的伤痛和自卑的小孩，一个没有爸爸的小孩……

莫溪想着，鼻子有些发酸，然而值得安慰的是，自己有一个善良聪慧的母亲，并且，现在还有孟梓欣这样一个公主般的女孩成了自己的好朋友。

阳光渐渐退去温度的时候她们才分开，各自回家。

那天晚上，莫溪有些睡不着。

这世界有太多的意外，它们守在每个孩子成长的路上，等待某一天突然冒出来，带着悲伤或欢乐。莫溪还太小了，许多事情她都需要许多时间去相信，去接受，去明白，去消化。

　　就像父亲的离开，就像小镇上的人们的言语，就像学校里孩子们的猜测。莫溪需要把那些疼痛慢慢咀嚼，才能沉入心底，再结厚厚的痂，不碰就不痛。孟梓欣的出现，她也需要细细地回味每个细小的瞬间。

　　莫溪成了孟梓欣众多好朋友中的一员，这又是一个小小的新闻。

　　冲刺班里两个最骄傲的女孩成了好朋友，一个成绩优秀，清高寡言，且传说是有自闭症；另一个刁钻任性，当镇长的爸爸把她安排进了冲刺班，成绩也并没多大的提高。多数情况下，在狭隘的小镇学校，这样的两个女孩应该是没有交集的，甚至会为敌，这样才符合大多数人的想法。

　　孟梓欣身边总是围着许多小女生，她有太多的新奇物品，各种漂亮的发卡，手链，指甲油，这在小镇孩子心中是充满诱惑力的，还有孟梓欣那张永远微笑如天使的脸。然而下课的时候孟梓欣总会主动过来拉莫溪的手，跟她说新奇的话，调侃她的同桌杨勋。莫溪有些不习惯这样，然而她心底的确是喜欢孟梓欣的。

　　小考越来越近了，莫溪给自己制定了复习计划，也帮孟梓欣做了一份。她想，如果能一起考上镇上的重点中学的话，该有多好啊，至少自己再也不会孤单了。她觉得孟梓欣应该也是这么想的，心里有期待真是一件美好的事情。

　　那天课间，孟梓欣把莫溪喊到走廊上，交给她一个粉红色的信笺，神秘兮兮地说，今天是愚人节哦，这是外国人过的一个很有意思的节日，就是可以随便骗别人，别人都不会跟你生气。你帮我把这个放到杨勋的桌子里，跟他开个小玩笑吧。

　　莫溪赶紧推开，说，不行啊，杨勋会生气的。

孟梓欣眨着眼睛说道，不会的，我从小跟他一起长大的，他知道是我开的玩笑最多就责备几句，不会怎么样的，我就画了个猪头嘛。帮帮我啦，你最好啦！孟梓欣说完，抱着莫溪的脖子在她脸上狠狠地亲了一口，然后转身跑进了教室。

　　莫溪愣愣地站在走廊上，直到上课铃响才回过神来。

　　直到下午放学的时候，莫溪才慌忙地把信笺交给杨勋，然后落荒而逃。

　　四月的天漫长了不少，莫溪家的小院子又热闹起来了，那些绿色的植物旺盛地生长。妈妈每天都会备好精致的饭菜等她回家，都是家常的菜，但妈妈有一双巧手，所以总能勾起莫溪的食欲。

　　自从与孟梓欣成为好朋友以后，莫溪就开朗了不少，她开始觉得这世界于她还是仁慈的。她开始充满了希望，这希望是关于未来的，闪着美丽的光。

　　然而，四月的天总不会晴很久。

　　第二天来到学校后，班主任一反常态地说，莫溪，你跟秦浩换座位吧，换好以后来我办公室。他的脸是阴沉的，像雷阵雨前的天空。

　　莫溪不知道为什么老师突然要自己换座位，她默默地收拾着东西，她想，也许是昨天帮孟梓欣开的玩笑过火了吧，把杨勋惹生气了。她回头看了一眼孟梓欣，她正笑着跟同桌的女孩讲着什么，似乎跟那纸条是无关的。杨勋主动帮她搬桌子搬凳子，脸上是愧疚的神色。

　　办公室里只有班主任一个人，看到莫溪进来就指着一张椅子喊她坐下来。莫溪没有坐，倔强地站着，班主任没再强请，开始语重心长地说道，莫溪，快要小考了，我和校长都觉得你可以考到镇上最好的中学去，你自己也应该有信心吧。

　　莫溪点了点头，没有言语，她不明白班主任到底想说什么。

　　班主任接着说，所以现在你应该集中心思学习，不要想些与学习无关的事，你还太小了，好多东西你都不懂。但你是聪明的孩子，我相信你应该听得懂我的话，你自己再好好想想吧。

可是我并不明白你在说什么，你要我怎样呢？莫溪听得一头雾水。

莫老师虽然不在了，但听你妈妈说，你一直是个懂事的孩子，所以不要让你妈妈担心，不要让莫老师失望啊。班主任的眼神是诚恳的。

莫溪的心疼了一下，两下，三下……她只觉得委屈而难过，喉咙却紧得一个字也说不出来。整个春天即将结束了，春天是悲伤的季节。春天里，父亲走了，春天，春天，春天……莫溪脑海里是父亲苍白的脸，母亲饱含泪水的眼睛，还有门前那条忧伤的河……

莫溪没有再说一句话，走出办公室时，泪终于落下来了。她仍然没有明白老师说的到底是什么，这世界到底怎么了呢？只是，她已经没有力气去想了，只想让母亲抱抱她。回到教室时，所有的目光都落在了她身上，她像什么也没有发生一样，走到自己的新座位上，安静地看书。

她想，不能让别人看见自己的悲伤。

中午，莫溪没有去吃饭，孟梓欣也没有像往常一样来叫她。她一个人坐在拥挤的小教室里，这里放满了斑驳的桌椅，每张桌子上都是乱七八糟的书本。墙角的蛛网，窗台上的灰尘，一切都是那样令人难过。

莫溪觉得心口压得喘不过气来了，那么沉那么沉。她多希望孟梓欣可以陪她一会儿啊，哪怕只是一小会儿，可是她没有开口，她从来没有主动要求过孟梓欣陪自己。

这时杨勋却来了，他在她旁边的位子上坐下来，愧疚地说，莫溪，对不起，我只是希望班主任能给你做一下思想工作的，没想到他会生气……

做什么思想工作啊，我到底做什么了？莫溪不解地问。

杨勋的脸却红了，声音更小了，昨天你给我的情书……

情书？！莫溪有些发懵。

就是你昨天放学时给我的那封信。杨勋不知该如何表达。

莫溪的心一下子凉了，仓皇地跑出教室，悲伤，委屈，绝望都涌上了心头，撕裂般的疼痛。杨勋不知所措地看着莫溪的背影。

莫溪又闻到了小镇四月那股颓靡而忧伤的气息，一切都是潮湿而肮脏的，空气里满是不安和恐慌的因子，无孔不入。莫溪感觉自己像是在孤立无援的梦境里，四周的黑暗裹挟着未知的伤害包围过来，紧紧相逼，找不到退路。

一个人跌跌撞撞地走进学校后面一间废弃的修车厂。那些锈迹斑斑的破铜烂铁安静而温柔，莫溪坐在一个旧轮胎上终于哭出声来。她没想过孟梓欣会那样对她，她本以为自己再也不孤单了，这世界上会有一个天使般的女孩愿意做她的好朋友。

莫溪，一个陌生的声音在唤她。

莫溪抬头，却是杨勋，却又有点不像杨勋。莫溪冷冷地说，优等生，去上你的课吧。我只想告诉你，那信不是我写的，是孟梓欣给我的。信不信由你。

我是杨曦，杨勋的孪生弟弟。少年温和地说。

杨曦？莫溪有些惊愕，这名字似乎和自己有着某种干系似的。

晨曦的曦。杨曦解释道。

哦，可以不打扰我么？莫溪已经没有说话的力气了。

这里是我的地盘哦，我带你看我收集的东西。杨曦并不理睬莫溪的话，拉着她的手把她带进了修理厂里间的一个大厅里，这里以前似乎是存放车子的地方。墙上都是乱七八糟的涂鸦，大片大片的，透着诡异的气息。

这里是什么地方？莫溪问道。

这里以前是我舅舅的修理厂，后来他出车祸去世了，厂子就废弃了，不过我将来会把这里修整得更漂亮。杨曦有些自豪地说。

哦。

我知道你叫莫溪，我以前还跟你同班过呢，莫老师当班主任的时候，你像个跟屁虫似的一天到晚跟在他后面，我就跟在你们后面。我觉得你好幸福，天天都是趴在莫老师肩膀上上学放学。杨曦并没有在意莫溪黯然的眼神，只顾自己说着。

你也可以叫你爸爸背你上学放学嘛。莫溪象征性地回了一句。

我爸爸只会背杨勋的。杨曦的神情有些落寞。

为什么呢？莫溪感到意外。

因为杨勋是听话的孩子啊，而我整天到处惹是生非。

那也要一样的爱呀，他又不是杨勋一个人的爸爸。

跟你讲，我妈妈生了我们以后就疯掉了，爸爸把她送回外婆家，重新娶了一个老婆，外婆和舅舅就说他们养我，爸爸养杨勋。可是前年舅舅就走了，我又被爸爸接回来了，不过那个女人不爱我。杨曦似乎并没有悲伤，像是在说别人的事一般。

莫溪沉默着，她不明白这陌生的少年为什么要对自己讲这些话。

莫溪，这些石头都是我收集的，将来我要在这些石头上画漂亮的画，再用他们建一座城堡。杨曦得意地向莫溪展示他捡来的一大堆光滑的石头，他的眼睛里闪着光辉。

莫溪呆呆地看着这个少年，不管生活待他如何，他都在描绘自己的梦。

直到黄昏，挨到放学的时候，莫溪才收拾了书包回家，那天是她第一次逃课。可是，那个下午，让她明白了很多她以前不明白的东西。比如，该如何面对那些莫名的中伤。

关于孟梓欣，莫溪感觉像是做了一场梦。小镇的日光总是惨淡的，小镇的街市是沉默而肮脏的，孩子们有脆弱敏感的心，玩伤人的小把戏。河水寂静温柔，带着时光的痕迹，还有母亲，憔悴而苍白美丽的母亲。莫溪感觉自己在长大，她的心可以盛下所有的悲伤了，再也不会哭泣，不会不知所措，因为这世界变得太快，没有太多的时间去悲伤。

那一日以后，莫溪再也没有看孟梓欣一眼，虽然她终究不明白孟梓欣为何那样待她，但是，已经不重要了。她要全心准备考试，要早一点离开小镇，带上母亲。难过的时候会去那间废弃的修理厂，多半能看见杨曦，他在画他的石头。

莫溪和杨勋以并列第一名的成绩考上了镇上重点高中的附属中学，只要不出意外，将来会直升城里的那所重点高中。

开学的那天，莫溪看到杨勋时并不意外。可是她同时看到的还有孟梓欣，她抱着她大大的绒线娃娃，坐在镇长的车里，公主一般优雅地走进校门。旁边的老师们热情地跟镇长寒暄，说镇长千金不仅漂亮而且聪明。

孟梓欣看到莫溪时忙拉过她，对其中一位老师说，张老师，这是我的好朋友，叫莫溪，以前得过自闭症，您以后一定要多多照顾她啊。莫溪冷冷地甩开孟梓欣的手转身离开，身后传来镇长的声音，梓欣啊，以后别跟她一起啊，我看她是挺自闭的，别把我的宝贝女儿给带自闭了。

莫溪在听到这些言语时居然不再难过了。

她高高昂起头，走向自己的教室。

杨曦考得很差，读了镇上另一所初中。他依然会逃课去画他的石头，那些石头渐渐地都变成五彩缤纷的了，它们躺在破旧的修理厂里像是一群落魄的艺术家。

杨曦偶尔会来看莫溪，却并不找杨勋。

孟梓欣终于没有再为难莫溪了，她经常会到莫溪的教室门口喊杨勋一起去吃饭，莫溪忆起她曾说过，她是与杨勋一起长大的。

初中三年波澜不惊地过去了。

莫溪和杨勋顺利地升入了那所重点高中，只是这次考第一名的是莫溪，而不是杨勋。小镇的人们在议论着两个优秀的孩子时也不免觉得意外，杨勋居然不是第一。只有莫溪觉得一切都是理所当然的，她只知道她付出的努力有回报了。

莫溪去学校拿通知书的那天母亲很开心，她悲伤了许多年的眼睛终于有了光芒。六月的阳光那么亮那么暖，似乎整个小镇都一下子变得明朗起来了。

　　母亲温柔地摩挲着莫溪的头发，她小小的女儿已经长得这么高这么漂亮了，可是她还穿着那么灰暗的旧衣服。母亲的心一下子就酸了，她把莫溪紧紧地拥进怀里。莫溪不知道母亲怎么了，但她恋这怀抱，温暖而安全，像是回到了婴孩时期，被羊水包裹着。

　　小溪，阿妈带你去买一件漂亮的衣服吧。母亲认真地说。

　　阿妈，不要啦，我这衣服挺好的啊。莫溪不解地看着母亲。

　　母亲进屋里收拾了一下，锁好了门就拉着莫溪去了镇上唯一的一条热闹的街。

　　莫溪还是第一次这样认真地走在这条街上，以前都只是经过，并未做过多的逗留。小店的老板们一律都是满脸的笑容，有些人是认得母亲的，便夸莫溪聪明漂亮，莫太太好福气。莫溪礼貌地微笑，并不言语。

　　街道很有些拥挤，六月的天，闷热而潮湿，已经有苍蝇在飞了。家家门前都有一小堆垃圾，等待着收垃圾的老头儿来将它们带走。卖衣服的小店都很狭窄，里面的墙上全挂满了衣服，中间的架子上挂的也是衣服。那些款式老套的衣服全像没精打采的人一般，耷拉着脑袋等待着被带走。

　　转了一大圈儿，莫溪都没有看到中意的，很有些失望。母亲安慰她，一定会有一件漂亮的衣服在等待着她的美丽女儿的。

　　最后在一条小巷子中找到了一家小店，叫"公主的小屋"，里面卖的全部都颜色素雅的裙子，并不多，但都很精致，摆放得也很漂亮。小店在小巷深处安静得就如一株静静开放的百合花。

　　莫溪看中了一条米色的长裙，设计风格简约大方，裙摆有波西米亚风格的花边，浅紫色的，与领口浅紫色的流苏遥相呼应。当莫溪从试衣间走出来的时候，母亲简直惊呆了——她的女儿其实是一个公主，只是一直生长在那个荒芜的小院子里，被日子磨得灰暗了。

裙子的标价是280元，莫溪换下裙子后对母亲说，阿妈，我不要了，裙子有点小。

不小的，要了嘛，小溪，你穿那裙子好漂亮。母亲高兴得如孩子一般。

不要了，去别的店再看看啦。莫溪拉着母亲的手就往外走。

老板，那裙多少钱啊？我女儿要了。母亲急忙对老板说。

那裙子她穿着的确漂亮，原来卖280的，我只有两条，已被人买走了一条，这条等到主人了，就便宜卖吧，180块钱。老板微笑着说。

母亲并没有再还价，付了钱，拿了裙子，一脸的笑容。

那个暑假，莫溪开始跟着母亲学刺绣，细的线，细的针眼，细的心。莫溪开始觉得，生活其实就是一条细水长流的小溪，只是偶尔会碰到岩石，会碰疼，会溅起水花，可终究还是和缓了的。

这期间，杨曦来找过她，告诉她，他将要去一所职中学习汽车修理。不知从什么时候起，杨曦一下子长得那么高大了，当他站在莫溪面前时，莫溪感觉自己被笼罩在他的影子里。他离开时，莫溪突然觉得心里有浓得化不开的惆怅，看到杨曦的背影，她再次感到了那种熟悉的孤单。

过完了漫长而闷热的暑假后，开学的日子到了。

那天莫溪穿上了她的新裙子，公主一般优雅。

报名的时候看到了孟梓欣，莫溪已经不感到意外了，她有个当镇长的爸爸。让她意外的是，孟梓欣竟穿着与自己一模一样的裙子，她那张骄傲的漂亮脸蛋儿上此刻挂满了泪水。杨勋僵硬地递着纸巾，她狠狠推开，转身，却看到公主般耀眼的莫溪。

孟梓欣猛然之间怔住了，再也挪不动脚了。这个有自闭症的女孩，有着令人羡慕的成绩的女孩，曾被自己戏弄过的女孩，穿着与自己一样漂亮的裙子，公主般站在自己面前，并且拿着那张可恶的录取通知书。她将要和杨勋同班，还有可能又是同桌。

孟梓欣感到了自己的狼狈，她擦了一下眼泪，咬着下唇，骄傲地从莫溪身边走过去。在擦身而过的那一瞬间，她的凉鞋不着痕迹地从莫溪的左脚小趾上踏过去。

钻心的疼痛让莫溪倒吸了一口凉气。她仍懵在那里，孟梓欣看她的眼神充满了怨恨，这怨恨如她骄傲而美丽的脸上的泪水一般令莫溪费解。

莫溪，你也来报名啊？杨勋走过来问道，脸上还有尴尬的神色。

莫溪猛然反应过来，却只是笑了一下，便钻进人群里排队报名。对于杨勋，她不想有太多的言语，这个骄傲的男生！虽然他有着一张与杨曦一模一样的脸。

杨勋看着莫溪的背影，心突然疼了起来。他相信了杨曦，他那倔强而善良的弟弟，他说，莫溪是小镇上最好的女孩。是的，其实她是公主，在庸俗破旧刻板的小镇莫溪是个真正的公主，她有着与小镇人不一样的灵魂，只是他以前没发现而已。

高中是一个新的开始，莫溪闻着陌生的空气，突然之间很想有一个新的自己，她想要变得明媚，不再像从前那样，世界里只有她自己。十六岁该是明媚的，就像身上的裙子一般清新的。

与杨勋又在一个班里，他不再像从前那般骄傲了，经常会叫莫溪一起去吃饭。偶尔莫溪会去，话题总是围绕着杨曦的，然而杨勋对杨曦了解的并不多，他们在一起的时间很少。

十月末是莫溪的生日，杨勋邀她放假时去家里玩，说到时候杨曦要回来。放假那天杨勋帮莫溪拿东西，他们是一起回的家，莫溪去了杨勋的家。第一次去别人家里，还是男生家，莫溪有些害怕，可是，她发现自己居然如此想念杨曦，想念到心口微微的疼。

—— 演好自己的角色 ——

杨曦比他们早一天放假，所以早早地就准备好了等在门口接他们，看得出来杨曦是高兴的。杨曦的爸爸妈妈热情地接待了莫溪，杨曦的家很大，比莫溪想象中的样子还要大。杨曦早就摆好了各种零食在茶几上，只等莫溪的到来。

　　杨曦说，今天是特别为莫溪过生日的，爸爸妈妈听说莫溪与杨勋杨曦都曾做过同学，很高兴。

　　莫溪局促不安地坐在沙发上，她只是想问问杨曦的情况然后就回家，妈妈一定在等自己。然而杨曦非要留她吃过午饭再走，看得出来，杨曦的爸爸妈妈都是很好的人，杨曦过得还算幸福。可他为何要那样说他的爸爸妈妈呢？莫溪有些不解，她的心突然有些乱了。

　　孟梓欣会来是莫溪完全没有想到的，而当孟梓欣看到莫溪时也吃了一惊，可她马上就微笑着过来拥抱了莫溪，笑着说，真没想到你也会来哦。

　　杨曦妈妈爱怜地拉住孟梓欣的手说，想死我了哟我的宝贝干女儿，在学校还好吗？杨曦有没有欺负你啊？

　　看得出来他们是很熟悉的，原来孟梓欣并没有上重点高中，而是跟杨曦一样上的职中。

　　这时杨曦嚷道，梅姨，分蛋糕吃啦，今天是专门给莫溪过生日的啊。

　　孟梓欣惊呼道，原来是莫溪的生日啊，我真是好运气哦，一来就有蛋糕吃。莫溪站起身说，我妈还等着我回家吃饭呢，我要回家了，今天谢谢叔叔阿姨。

　　吃完蛋糕再走嘛！杨曦和杨勋异口同声地说。孟梓欣撇了撇嘴巴。

　　莫溪愣愣地站着，杨爸爸过来拉她坐下，开始分蛋糕，省了那些程序。孟梓欣热情洋溢地讲着学校里发生的各种事情，还说有小女生给杨曦写情书。杨妈妈开心地看着孟梓欣，像是看着自己的孩子一般，莫溪忽然想起母亲看自己时的眼神。

　　莫溪随便吃了几口蛋糕便匆匆走了，逃也似的。

杨曦赶出来送她，他的眼睛里弥漫着忧伤，莫溪第一次注意到。两人一前一后沉默着走了一段路，杨曦终于开口了，莫溪，你在学校还好吗？

　　莫溪的心温柔地疼了一下，眼前的男孩不再是那个天真的小小少年了吧？他羞涩而不善言谈了，他也不会再给她讲他的那些石头了。其实莫溪一直想知道那些石头被画成了什么样子，他的城堡垒起来了吗？莫溪只觉得心里愁肠百结，却不知为哪般。

　　杨曦紧张地问，怎么了呢？

　　杨曦，其实你有一个很幸福的家，你跟我一点都不一样，你看你都不给我讲童话了。莫溪的声音在十月的风里是稀薄的。

　　杨曦错愕地看着莫溪，他突然之间觉得莫溪的眼神是如此陌生。

　　莫溪只想要回到家里，这一刻，她是如此想念母亲，想念家里的那个破旧的小小院落。十六岁生日这天，她的心被一种温柔的悲伤灌满了，很沉很沉。她能够那么清晰地感觉到杨曦在她身后无奈而难过的眼神，只是她无法回头。她看见了杨曦的幸福，可是这幸福却让她难过得要命。

　　杨曦看着莫溪的背影，他想，她一直是如此骄傲而脆弱的吧。

　　母亲早已备好了饭菜站在门口等莫溪回来，看见莫溪时，她的眼睛里盛满了秋天的阳光。

　　秋天的院落总是格外萧条的，那些在春天里占据了一整面墙的叶子都枯槁了，只剩些褐色的藤蔓还执拗地爬在墙上，似一张巨大的网。莫溪看着母亲忙碌的背影，她的背已经有些驼，她越来越瘦了，单薄得似一片挂在枝头的叶，随时都有可能落下来一样。

　　莫溪又开始缠着母亲教她刺绣，孩子一般地缠着，她喜欢这样的感觉，长不大似的，没有悲伤。

　　在家里的两天时间很快就过去了。

　　返校后，杨勋给莫溪带了一封杨曦写的信。杨曦说，莫溪，你以后不会再孤单了，因为我会陪你，即使我不在你身边，我也会为你祈祷的。还记得个橙色的暖手袋吗，我早就给你摘了一颗小小的太阳。

莫溪泪流满面，她终于知道是谁在三年前的那个冬天给了她满满的期待。可是她没有看见身后杨勋落寞的脸。

高二分了文理科，莫溪选的文科，杨勋也选的文科，在莫溪的印象里，杨勋的理科科目比自己强很多，又是男孩子，为什么要读文呢？莫溪建议杨勋转到理科班去，杨勋没有说什么。

孟梓欣来找莫溪是在九月末，空气里还残留着夏天的余热。

孟梓欣如同六年级的那个春天一般，温柔地喊莫溪的名字，拉住她的手。莫溪有些不知所措，却也并没有挣开。她不明白孟梓欣怎么了，也不明白自己怎么了。当孟梓欣拉住她的手的时候，她忽然间觉得他们已经长大了，很多事情都不要再计较了吧。

孟梓欣要带莫溪去吃冷饮。

她们去的是学校附近的冰激凌屋，孟梓欣点了两份草莓味的冰激凌，要了两杯芒果奶茶。

她脸上依然是甜美的笑容，莫溪，都是我爱的口味，不过我觉得你也会喜欢，因为我一直认为我们是一样的人，骨子里都有着一样的骄傲。想要的东西会努力去争取，你看就连这小镇上两条绝版的裙子都被我们选了。

莫溪有些迷惑，她不明白孟梓欣为什么要这么说。

我喜欢杨勋，从小到大。孟梓欣突然说，她美丽的大眼睛里掠过一丝难过，但脸上仍是骄傲的表情。

莫溪有些发愣，茫然地说，这个与我没有关系吧。

与你有关系！孟梓欣的声音提高了，我学习成绩从小就不好，我不爱学习，学校都是爸爸给我安排好了的，我不用操什么心。可是你们的高中我进不了，我以前以为我要什么都可以的，原来有些东西我要不来，比如杨勋，比如你们学校的学生的身份。

莫溪看着孟梓欣的脸，觉得她的骄傲其实是那么脆弱。

还记得你们报名那天吗？孟梓欣抬起头来看着莫溪，那天他让我以后尽量别来学校找他，他说他要好好学习，见鬼！我们从小玩到大我都没影响过他学习，到高中我反而倒影响他了！就因为我现在上了一所职业中学！

也许还有其他原因吧，莫溪试图安慰她。

对呀，原因就是，他听了杨曦的话，喜欢上你了！！孟梓欣难过地叫道。

孟梓欣，不要乱猜，我不想被你们卷进来。莫溪有些厌烦地说，她仍记得六年级的那个愚人节。

杨曦说他要走了，他要杨勋好好照顾你，他说杨勋可以给你未来，他说你是小镇上最好的女孩子！孟梓欣的眼泪几乎要流出来了。

杨曦要走了？莫溪的脑袋嗡了一下，去哪里？

反正就是要走了，鬼才晓得要去哪里。你喜欢他对吧，你去告诉杨勋好吗？说你喜欢的是杨曦，不然就来不及了。孟梓欣急急地说。

莫溪扔下孟梓欣，冲出了冰激凌屋。杨曦要走了，他会去哪里呢？为什么没有告别，就把自己扔给了杨勋那个骄傲的男生？莫溪慌乱地去街口打车，她要找到杨曦，她要问明白。杨曦说过的，以后会陪她，不让她孤单。

莫溪赶到废弃的修理厂时己是下午了。

一切都还是当初破旧的样子，只是荒草生得更多了，莫溪走进里间，被眼前的景象惊呆了。房子中间是用五彩缤纷的石头垒成的城堡，那些石头鲜活明亮得如同梵高的星空，墙上的涂鸦全是莫溪的画像，画得很夸张，全是笑着的。

墙角有小小的字：莫溪，很小很小的时候就觉得你是与其他小孩不一样的女孩，因为你只有趴在莫老师肩膀上的时候才会笑，其余时候你都不笑。我喜欢跟在你们后面，看着你们回家就会觉得幸福。我的妈妈是个善良的疯子，她会把断了一条腿的猫抱回家；我的舅舅是个善良的酒鬼，他会让我整日在他的修理厂里胡涂乱画。但小镇不属于我，我要去找个画画的好地方；小镇也不属于你，你要好好学习，早点离开，杨勋会陪你考大学的。有一天我会回来，带我的母亲去一个美丽的地方。小镇上的人都不相信她有孩子，没有人肯让我承认她是我的母亲，就连我的外婆都不让我认她是我的母亲。那些石头都在这里了，它是我送给你的城堡。

那年的冬天，小镇下了一场前所未有的大雪。整个小镇都被洁白的雪包裹着，所有灰暗的颜色都消失了，所有肮脏的棱角都成了光滑的弧线。那些掉光了叶子的树立在茫茫的洁白的小镇街边，河岸边，房屋边，竟显得如此苍凉。小镇终于沉默得像个高贵的诗人一般，浮华匿迹。

在那场大雪里，小镇上的一个女疯子失足跌入了小镇上唯一的那条河里，尸体一直没有找到。

有人说那个女疯子在那天一直念叨着她的儿子，她是为了去找她的双胞胎儿子而掉进河里的，可是据说她是没有儿子的。

莫溪是听母亲说的，母亲的声音很悲伤，她说，那个女人好可怜啊，一直到死去的时候都没人相信她。

莫溪问，阿妈，你信她有儿子吗？

母亲的眼睛里竟滚出泪来，一个女人即使疯了一辈子也会记得自己的孩子的，她是有孩子的。

莫溪的心惶然地疼。

杨曦会在哪里呢？

世界也许一直都不是荒芜的，只是心里搁不下太多繁华。

莫溪总是会想起在小镇的时光，疼痛的，温暖的时光。

莫溪考了很好的大学，她带着母亲离开了小镇。杨勋出人意料地考得很差，镇长为他在小镇上安排了工作，有些事情的发生总是找不到原因。莫溪不知道杨曦有没有再回小镇，只是她的心里从此以后就有了一个疼痛的结。

后来听说孟梓欣嫁给杨勋了，杨妈妈一定很开心吧。莫溪没有去参加他们婚礼，他们举行婚礼的时候，莫溪正在缠着母亲教她绣鸳鸯枕头。27岁的时候她又想做回孩子，只是母亲的眼睛已经不能再刺绣了。

选自《语文周报》2014 年第 2 期

因为爱过，所以不会成为敌人；因为伤过，所以不会做朋友，只能做最熟悉的陌生人。爱过知情重、醉过知酒浓，关于爱的记忆，应该好好收藏。只是今后的幸福，要各自去寻找。

演好自己的角色

文 / [美] 克里斯坦·蒂比茨　庞启帆 编译

> 珍珠挂在颈上，友谊嵌在心上。
>
> ——谚语

我正在更衣室穿舞鞋时，我最好的朋友郝莉跑了进来。

"试演就要开始了，可我连舞鞋都还没穿好呢！也许我不应该参加这个演出，杰西卡。"郝莉哭丧着脸说道。

"郝莉。"我说道，"你是一个优秀的舞蹈演员，你必须去试一试！"

我和郝莉学习芭蕾舞已经好几年了，我们都梦想着有朝一日能扮演芭蕾舞剧《胡桃夹子》里的女主角克莱拉。现在，这个机会就摆在了我们的面前：《胡桃夹子》将作为我们学校参加新一届丹佛市青少年艺术节的演出节目，老师将在今天确定每个人在剧中的角色。

郝莉深吸了一口气，"好的。"

当我匆匆走进芭蕾舞练功室时，一个念头突然在我的脑中闪过。"如果郝莉不试演，那我不就有更大的机会了吗？"但我马上骂自己："杰西卡，你怎么能这么自私？"这个时候，郝莉走了进来，我对她笑了笑。

选角开始了，我们的芭蕾舞老师凯特琳小姐先跳了几个动作，然后她就叫各组同学重复她刚才的动作。随后，凯特琳小姐又演示了其他一连串的动作，这一次，她叫我、郝莉和其他两个同学重复这些动作。

最后，她解散了所有的同学，角色名单将在下周一公布。

据我所知，学校芭蕾舞班的所有同学都能参加《胡桃夹子》的演出，但是，只有一个人能饰演克莱拉。

好不容易到了星期一，到学校后，我就冲进芭蕾舞练功室，同学们都聚集在贴着名单的墙壁前。

"郝莉，你是克莱拉！"有人喊道。

"我？"郝莉不敢相信。

我强迫自己挤出一点笑容，然后转身对郝莉说："祝贺你！"

"谢谢。"郝莉说道，"你演什么角色？"

我看着名单。"我在《花之圆舞曲》这一段中演一只蝴蝶。"

"太棒了！"郝莉说道。

我的泪水差点就流下来了，但我还是强笑道："还不错，是一段独舞。"

接着，凯特琳小姐马上对我们进行训练，严格的训练不容我有丝毫的分心。但回到家后，我让自己放声哭了起来，我对每一个动作掌握得都比郝莉快，我想，我应该是克莱拉。

次日的芭蕾舞课上，我没有像以往一样站在郝莉身边。

"杰西卡，怎么啦？"下课后，郝莉在更衣室问我。

"没事，你做好你自己的事就行。"我面无表情地说道。

"我想我们是朋友。"

我耸了耸肩。

郝莉转身跑出了更衣室，之后，我们都避着对方。

又一个星期六，排练结束后，凯特琳小姐对我说："杰西卡，你已经掌握了全部的动作，但是没有进入状态。跳舞的时候，必须人神合一。"

凯特琳小姐是丹佛市职业芭蕾舞团的一名主要演员，我曾看过她的演出。我没有接她的话，而是问她："您在《胡桃夹子》里面饰演过克莱拉吗？"

"没有。"她答道，"我演过很多角色，但从来没演过克莱拉。"

我不相信地看着她。

— 演好自己的角色 —

"很多次我都没有得到自己喜欢的角色，但每一次我都尽最大努力去演好这些角色。杰西卡，你也应该这样。"她说道。

我点点头，"我会努力的。"

但感觉像蝴蝶一样轻盈真的很难，我伤害了我最好的朋友，我想，我必须做点什么。

这天放学后，我早早就来到剧院彩排，我看见郝莉正在更衣室扎头发。

我的话脱口而出："郝莉，我为自己那些愚蠢的行为和思想向你道歉，对不起！"

郝莉叹了口气，"没事，"她说道，"我知道你非常想演克莱拉。"顿了顿，她又说道："你是一只令人敬畏的蝴蝶，杰西卡，我一直都在注意你。"

"谢谢。"我说道，"你是一个出色的克莱拉。"我从背后拿出一束花递给她，说："加油哦，郝莉！"

郝莉哈哈笑了起来，也从桌子上拿起一束花递给我，说："杰西卡，你也一样！"

两天后，正式演出开始了。在绚烂的舞台上，我绕着花丛翩翩起舞，我感觉自己就像蝴蝶一样的轻盈。

选自《语文报》2016 年第 66 期

你想成为什么样的人，那你就得承受相同级别的考验。在皇冠加冕之前，你只需要做好自己，要知道机会从来都是留给有准备的人的。

最好的陪伴，是依靠而不依赖

文 / 北卡不卡

交心不交面，从此重相忆。

——白居易

上大学以前，我一直生活在父母的羽翼之下。

那时我尚不明白——在这个现实而浮躁的世界上，只有父母对儿女才会拥有取之不尽、用之不竭的耐心和纵容，才会从始至终宠爱如一。

十七岁的早秋时节，我独自一人背上行囊，去遥远的西安古城读大学。

直到那时，我才不得不告别亲人所提供的避世保护伞，真正踏入这个纷呈而复杂的社会。在一次又一次的挫折中，学习如何与各型各色的人们融洽相处。

大一上学期，我似乎还没能从娇生惯养的模式里走出来，总是不自觉地以自我为中心。我会天真地认为所有人都应该和父母一样，仔细体察我的感受，并且完全顺从我的意愿。

这种自以为是的想法只持续了短短半个月，很快，它就被一件极为寻常的小事所击中，光荣地宣布幻灭了。

犹记得当时，军训已经进行到最后几天。秋老虎在校园里横行，阳光炙热得像要融化柏油马路，操场上每个人都在咬牙坚持踢正步，面容上写满了风吹日晒的疲惫。

烈日当头，我头晕目眩，只觉得自己快要中暑晕倒了。咬牙切齿地熬过了大半个钟头，铁面教官才终于良心发现，下令暂停训练，让大家到树荫下面稍作休息。

听到"稍息"命令的一瞬间，原本整齐的队伍立刻一哄而散。我亦如释重负，随着大部队一起奔向不远处的荫凉地，在草地上随便找个位置坐了下来。

我看到不远处有个当地的小贩正在兜售冰镇矿泉水，于是可怜巴巴地看了一眼坐在我旁边的阿秋，问她：能不能去帮我买一瓶矿泉水？

阿秋是我的室友，比我大一岁，平日里一直对我照顾有加。

我原以为她会像往常一样，爽利地从我手里接过零钱，买回一瓶甘甜冰爽的矿泉水，将我从水深火热的困境中解救出来。可是这一次，阿秋却没有如我所愿。

她问我：你为什么不自己去买？

我愣了一下，理所应当地回答：我实在太累了，头昏脑胀，一动也不想动。阿秋沉默了很久，而后，说了一句令我感触颇深的话：你辛苦，难道别人就不辛苦吗？

那天军训结束之后，我们回到寝室，我看到阿秋在吃感冒药，才知道她整个下午一直在发低烧。此情此境下，再回想起我所提出的无理要求，以及她无奈之下给予的反馈，我终于深切地体会到什么叫做"无地自容"。

从那之后，我开始学着体谅他人的难处。

尼克胡哲有句经典名言：当你抱怨没有鞋的时候，还有人没有脚。

经历越多越深知这样一个道理：我们所面临的生活，其实都遍布着荆棘坎坷。每个人都有不为人知的辛酸与艰难，没有谁能找到一条康庄大道，彻底告别人生的苦楚。

许是人性所致，很多时候，我们习惯将自己的遭遇无限放大，以期得到更多的关怀与帮助。哪怕只是"打碎一个暖水瓶"这样的芝麻小事，也会令当事人慨叹时运不济，仿佛自己就是这个世界上最可怜的人。

然而，总有一天我们会知晓——其实所有的困境，归根结底，都不过是你一个人的困境，与旁人无关。任何人都没有义务对你的情绪感同身受，更没有义务为你下刀山火海、排忧解难。

平心而论，自己的人生终归需要自己来负责。苦难来临时，旁人即便袖手旁观也是本分，算不得是一种亏欠。若能鼎力相助，那便是莫大的情分。

后来我时常劝诫自己，要将他人的点滴恩慈铭记于心，并寻求合适的时机报之以涌泉。

少些抱怨，多存感恩之心，如此相处，方得淡泊长久。

大一结束的时候，我与阿秋已经成为很要好的朋友。在整个大二学年里，我们一起泡图书馆，一起去市里吃大餐，一起唱 KTV 打桌球，一起去校外做社会实践，几乎形影不离。

我曾以为，这样亲密无间的友情可以抵抗时间的洪流，延续到很多年以后。但很可惜，事不遂人愿——大学毕业之后，我和阿秋终究还是分道扬镳，从此断了联络。

情谊从有到无的过程其实可以很短暂，但却十分难挨。

记得那段时间，我会时不时地给阿秋打电话，发微信，写邮件。如此反复尝试了许多次，却始终没有得到什么回应。

起初，我并没有想太多，只当她是太过忙碌，无暇回复我。直到某一天，我收到了阿秋发来的一封很长的邮件，逐行逐句地读罢，才终于明白个中缘由。

那封信里，阿秋回忆了大学时代的很多琐事。恰是这些细枝末节的事情，令我真正清醒地意识到——在过去的几年里，我无时无刻不在消耗着阿秋对我的宽容，以至于到了最后，竟将那样宝贵的友谊都消磨殆尽了。

譬如说大二学年刚开学时，家里给了一笔资金，让我选购一台笔记本电脑。那时候，我对电脑可谓是一窍不通。茫然之下，我自然而然地找到阿秋，和她一起研究笔记本的各方面配置。

看过无数个性能测评帖子，经过半个多月的精挑细选，我终于从繁复多样的电脑款式里筛选出自己比较中意的三款。然而，就在最后做决策的时候，我却充分诠释了"选择困难症"的特征，无论如何也迈不出"三选一"的这一步。

纠结了一个多星期后，我终于耐不住性子，把最后的重任交给了阿秋。当时我信誓旦旦地对她说：没关系，你尽管放心大胆地选一个，反正这三款我都很喜欢！

可结果却是，阿秋选了其中之一，我将其买回来，才发现它的散热系统有些不合心意。

于是我开始有意无意地抱怨，有时是语气不善地吐槽"这电脑烫得可以摊煎饼"，有时是开玩笑的语气，说阿秋抽签的时候手气不佳……

虽然阿秋一直没有指责我什么，但很显然，这件事终究是在她的心里扎下了根，每每想起来，便如鲠在喉。

还有很多类似的小事，归结起来，不外乎是我太依赖于阿秋，几乎成为她大学时代最沉重、却也是最不忍拒绝的负担。

正如阿秋在心里所说，错不在我，而在于我们都把彼此看得太过重要。因为是最要好的朋友，所以我习惯了依赖，而她从不拒绝。

我们曾以为，那份弥足珍贵的情谊可以抵消掉琐碎的不满。可事实却一次又一次证明，人心的宽容是有其固定阈值的。一旦越过了上限，便无力回天，只能面对分崩离析的下场。

有人说，最好的陪伴，是依靠而不依赖，如今想来，深以为然。

依靠是一种不离不弃的信任，它能够为彼此带来抗衡困境的坚定和底气，因而得以在漫长的岁月里，为双方积累愈来愈多的情谊。

而依赖却是一种懦弱。当我们站在人生的十字路口，眼望脚下之路，心中却茫然无法抉择时，也许不自觉地就想找个人依赖。将选择的权利交到他人之手，其实也就意味着，将人生的责任也推卸给了他人。我们冠之以"依赖"之名，实际却和"逃避"无异。

　　这样的依赖，实在是一种慢无声息的损耗，恰如我之于阿秋。

　　在成长的道路上，每个人都不可避免地会犯一些错误。

　　一次又一次的犯错与自省，就像是一个巨大的涡流，洗刷着我们天真而懵懂的心性。在未来的某一天，我们终将深谙其道，在今后的漫漫岁月里，与人温良相处，与整个世界温柔相待。

选自《考试报》2015 年第 33 期

　　人生最美好的东西，就是与他人的友谊，有了朋友，生命才显出它全部的价值。

最不起眼的地方

文 / 孙道荣

动则生，静则乐。

——杨万里

朋友藏的东西找不着了，急得团团转。

东西不大，是藏在家里的。

大家启发他，再好好想想，当时藏的时候，是怎么想的。这样，或许就可以顺藤摸瓜，回忆起藏东西的地点。

他说，藏的时候，想得其实很简单，就是不容易被发现呗。什么柜子啊、抽屉啊、箱底啊，这些都是很容易就被发现的地方，所以，首先就被剔除了。为了找到一个合适的地点，朋友在家里转来转去，忽然灵机一动，咦，这地方不错，既隐蔽，安全，顺手就能拿到，又不显眼，一点也不引人注意，于是，就把东西藏那儿了。

似乎有点眉目了。再回忆回忆，家里什么地方，既隐蔽，又不显眼？

朋友抓耳挠腮，环顾三室一厅的家，无奈地摇摇头说，那地方仿佛就在眼前，但就是想不起来，想不起来啊。

大家帮着想，卫生间？

不是。

床底下？

不是。

书橱的某本书里？

也不是。

厨房最高的那层柜子里？

也不是……

大家也都在家里藏过东西，私房钱、初恋情书什么的，所以或多或少都有一些藏东西的经验。可是，能想到的地方都想到了，却都不是朋友藏东西的地方。

朋友终于没有想起东西到底藏在哪儿了，那个家里既隐蔽，又不显眼的地方，就这样连同他藏的东西，成为一个谁也揭不开底的秘密。也许，只能等到搬家的时候，它自己浮出水面了。

这是一次成功的"隐藏"，因为隐蔽得连自己都找不着了；这也是一次失败的"隐藏"，还是因为连藏东西的人自己都找不着了。

我一直在好奇地琢磨，在我们不大的家里，到底什么地方是既隐蔽，又不显眼的地方呢？

我们以为，对自己的家是十分清楚的；我们也以为，我们对自己是非常了解的。可是，在我们熟悉的家里，其实还是有被我们或遗忘、或忽视、或熟视无睹的角落；我们的内心，总会有一些曾经鼓舞、激荡我们，却最终被淡忘了的念头和激情。

它们本没有消失，只是随着时间的流逝，被我们淡漠了，或者忽略了，甚而遗忘了。

就像爱。

选自《语文周报》2016 年第 11 期

哲人无忧，智者常乐。人生的过渡，当时百般艰难，一天蓦然回首，原来已经飞渡千山。

— 演好自己的角色 —